# 飞机发动机拆装与维修

主编◎曹胜　张伟
副主编◎刘科中　王晶晶　曹天华

湘潭大学出版社
XIANGTAN UNIVERSITY PRESS

**图书在版编目（CIP）数据**

飞机发动机拆装与维修 / 曹胜，张伟主编．-- 湘潭：湘潭大学出版社，2024．10．-- ISBN 978-7-5687-1568-3

Ⅰ．V263

中国国家版本馆 CIP 数据核字第 2024SM3909 号

**飞机发动机拆装与维修**

FEIJI FADONGJI CHAIZHUANG YU WEIXIU

**曹胜 张伟 主编**

**责任编辑：** 罗　联
**封面设计：** 夏茜旸
**出版发行：** 湘潭大学出版社
**社　　址：** 湖南省湘潭大学工程训练大楼
**电　　话：** 0731-58298960 0731-58298966（传真）
**邮　　编：** 411105
**网　　址：** http://press.xtu.edu.cn/
**印　　刷：** 长沙鸿和印务有限公司
**经　　销：** 湖南省新华书店
**开　　本：** 787 mm×1092 mm 1/16
**印　　张：** 11.25
**字　　数：** 272 千字
**版　　次：** 2024 年 10 月第 1 版
**印　　次：** 2024 年 10 月第 1 次印刷
**书　　号：** ISBN 978-7-5687-1568-3
**定　　价：** 68.00 元

# 前 言

本书根据全国职业院校技能大赛飞机发动机拆装调试与维修赛项规程以及飞机制造与维修专业大类对飞机发动机专业教学的具体要求，通过校企合作方式，与行业企业专家在充分调研与论证的基础上编写而成。

本书以立德树人为根本，以知识、技能、素养三位一体为主线，以涡喷-6发动机为载体，包括涡喷-6发动机的整体认知、发动机部件和附件的分解与装配、发动机主要附件的拆卸与安装、发动机部件和附件的分解与装配等4个项目，以真实发动机维修工程实践的流程、工艺、方法、要求为范例，设计了22个典型工作任务，并配套了相应的技能训练工卡。同时，将“三敬”（敬畏生命、敬畏规章、敬畏职责）、“零容忍”（安全隐患零容忍）、“四个意识”（规章意识、红线意识、风险意识、举手意识）、“五个到位”（准备到位、施工到位、测试到位、收尾到位、交接到位）等职业素养以及社会主义核心价值观有机融入教学内容。

本书可作为应用本科和高职专科飞行器制造与维修技术、飞机发动机制造与修理、飞机机电设备维修等相关或相近专业的教学参考用书以及航空航天企业员工的培训教材。

本书由贵州航空职业技术学院曹胜和中国航发贵州红林航空动力控制科技有限公司张伟负责规划、整理和统稿。其中，曹胜编写了项目1和部分工卡，张伟编写了项目2和部分工卡，并对全书进行了审阅。贵州航空职业技术学院刘科中、王晶晶共同编写了项目3及部分工卡，中国航发贵州红林航空动力控制科技有限公司曹天华编写了项目4及部分工卡。编写过程中参考引用了大量国内外飞机制造、修理企业的技术资料和学者的文献，得到了贵州航空职业技术学院领导和广大师生的大力支持，在此一并表示感谢。

由于本书的内容具有特殊性，相关资源比较短缺，加之编者水平有限，不妥之处在所难免，欢迎广大读者提出宝贵意见，以便再版时修正完善。

编　者

**2024 年 8 月**

目录

# CONTENTS

# 项目 1　涡喷-6 发动机的整体认知

涡轮喷气 6 型发动机（简称涡喷-6 发动机）是沈阳发动机厂在苏制 Рд-9Б 喷气发动机的基础上仿制并发展而形成的一个发动机系列型号，于 1959 年 7 月定型，是中国首型超音速航空发动机。1984 年，沈航首次将中国独创的沙丘驻涡火焰稳定器成功应用于涡喷-6 的改进型，彻底解决了 Рд-9Б 所固有的振荡燃烧现象。涡喷-6 系列发动机主要用于歼-6 系列和强-5 系列国产战机。

涡喷-6 发动机是典型单转子加力式涡轮喷气发动机。进气口环形，进气道通过 4 个整流支板与前机匣相连。采用 9 级轴流式压气机，在第 5 级和第 6 级之间有放气口，防止喘振的发生。第 1 级转子叶片为跨音速设计。环管式燃烧室设计，有 10 个全气膜冷却火焰筒，筒壁用 7 段气膜冷却。2 级轴流式涡轮，第 1 级导向器叶片为气冷，其余叶片均不冷却。加力燃烧室由扩压器、“V”形火焰稳定器、预燃室、燃油总管和直流喷油杆组成。采用简单收敛式尾喷管。

涡喷-6 发动机的外形如图 1-1 所示。

（a）主视图

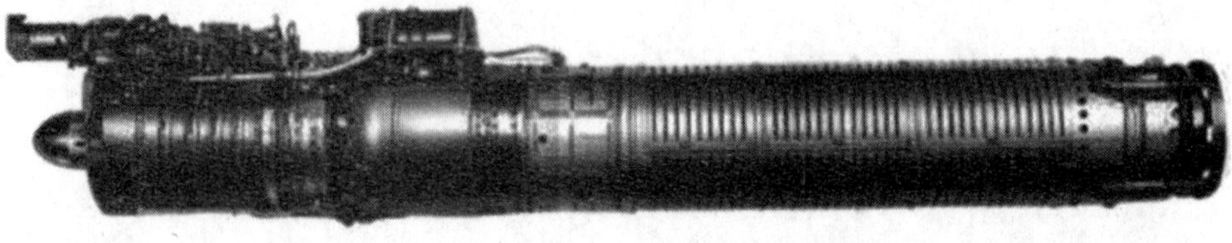

（b）左视图

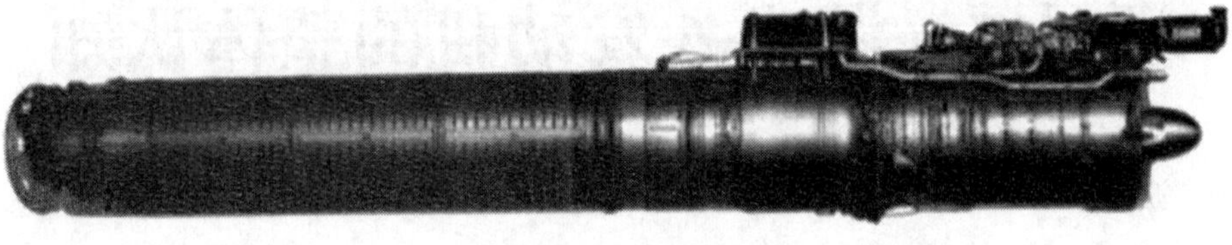

（c）右视图

图 1-1　涡喷-6 发动机

# 任务 1　涡喷-6 发动机的结构认知和基本工作原理分析

## 1. 发动机的组成

发动机由主要机件和工作系统两大部分组成。

### 1）主要机件

发动机的主要机件有压缩器、燃烧室、涡轮、加力燃烧室、喷管和附件传动装置等，如图 1-2 所示。

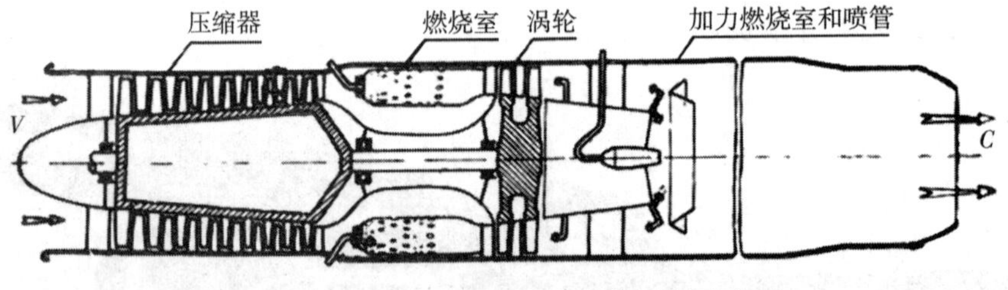


图 1-2　涡轮喷气发动机基本工作原理示意图

#### (1) 压缩器

压缩器是轴向式的，用来压缩空气，提高空气的压力。压缩器共有九级，其中第一级是超音速级。为了防止压缩器发生喘振，在压缩器的第五级和第六级之间设有放气带。

#### (2) 燃烧室

燃烧室是筒环形的，里面装有 10 个火焰筒。它是燃料与空气混合燃烧的地方。

(3) 涡轮

涡轮用来带动压缩器叶轮和其他附件转动。涡轮有两级，工作时沿逆时针方向转动（从后向前看）。

(4) 加力燃烧室

加力燃烧室是利用燃气中剩余的氧气再一次进行燃烧，提高喷管进口的燃气温度，以增大喷气速度的机件。为了使发动机在高空加力时燃气易于点燃，加力燃烧室内装有预燃室。

(5) 喷管

喷管是高压高温燃气进行膨胀加速的机件。喷口的面积可以调节为大、中、小。

(6) 附件传动装置

附件传动装置用来安装与传动发动机和飞机的一些附件。

**2) 工作系统**

发动机的工作系统有主燃料系统、加力燃料系统、滑油系统、起动系统、状态操纵系统、漏油和放油系统。

(1) 主燃料系统

主燃料系统向燃烧室供给燃料，并自动调节供给的燃料流量，以适应发动机各种工作状态的需要。

(2) 加力燃料系统

在发动机进入加力工作状态时，由加力燃料系统向加力燃烧室供给燃料，以满足发动机加力工作状态的需要。主燃料系统和加力燃料系统均使用1号航空煤油或2号航空煤油（不适用于－35 ℃以下地区），这两种燃料在温度为20 ℃时，比重均不小于0.775。

(3) 滑油系统

滑油系统将滑油输送到发动机各种传动机件的轴承，进行润滑，减少机件磨损，带走机件摩擦产生的热量。滑油系统还供给离心活门及放气带电磁活门工作用的滑油。发动机使用的滑油为8号航空润滑油。

(4) 起动系统

起动系统包括起动供油点火部分和起动电气操纵部分。起动系统用来保证发动机迅速安全地起动。起动供油点火部分使用的燃料为70号航空汽油。

(5) 状态操纵系统

状态操纵系统用来控制发动机各种工作状态的转换。

(6) 漏油和放油系统

漏油和放油系统用来将发动机及其系统管路中的残油排至机外。在更换滑油时，将前收油池和滑油箱中的滑油放出。

**2. 发动机的基本工作原理**

涡轮喷气发动机的基本工作原理如图 1-2 所示。

发动机工作时，空气由进气道流入压缩器，空气受到压缩，空气压力增大，随即进入燃烧室。在燃烧室内，空气与工作喷嘴喷出的燃料混合，连续不断地燃烧，获得大量的热能，温度大大提高。高温高压的燃气首先流入涡轮，在涡轮内膨胀，燃气的部分热能转变为涡轮旋转做功的机械能，使涡轮带动压缩器和附件工作。然后，燃气流入收敛型喷管继续膨胀，燃气的一部分热能转变成动能，燃气的速度大大增加，从喷口高速喷出，使发动机产生推力。当发动机接通加力后，燃气中的剩余氧气再次与加力喷嘴喷出的燃料混合燃烧，又一次提高气体的温度，燃气流经喷管时，就会有更多的热能转变成动能，以更大的速度从喷口喷出，使发动机获得更大的推力。

气体的压力、温度和速度在发动机内的变化过程如图 1-3 所示。

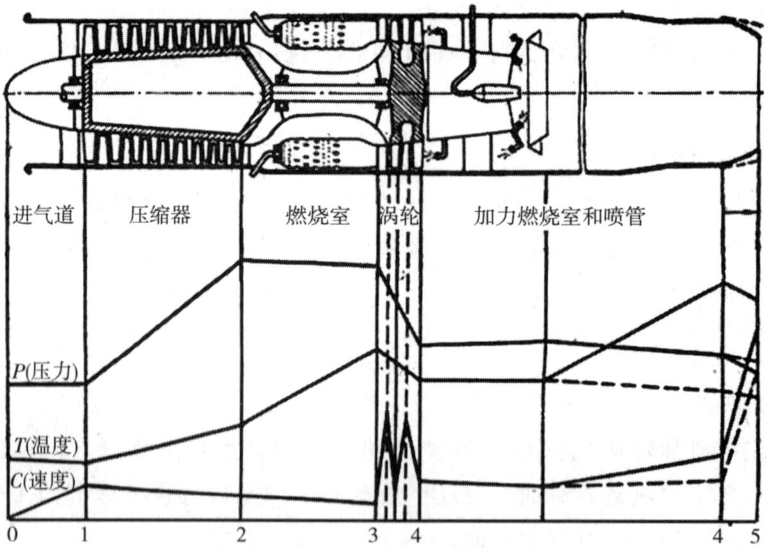


图 1-3 气体的压力、温度和速度在发动机内的变化过程示意图

在标准大气状态下（大气温度为 15 ℃，大气压力为 101.325 kPa），从工厂试车台上测得涡喷-6 发动机最大状态和加力状态时各截面的气体压力、温度和速度的数据如表 1-1 所示。

**表 1-1　气体压力、温度和速度数据表**

| 参数截面位置 | 未扰动截面 | 压缩器 | | 涡轮 | | 最大状态 | | 加力状态 | |
|---|---|---|---|---|---|---|---|---|---|
| | | 进口 | 出口 | 前 | 后 | 喷口前 | 喷口 | 喷口前 | 喷口 |
| $P$/kPa | 101.325 | 0.812 | 7.38 | 7.01 | 2.09 | 1.91 | 1.165 | 1.91 | 1.117 |
| $T$/℃ | 15 | −4 | 284.5 | 867 | 592 | 547 | 493 | 1 104 | 944 |
| $C$/（$m \cdot s^{-1}$） | 0 | 196 | 133.5 | 113.5 | 288 | 175 | 544 | 315 | 685 |

# 任务 2　发动机基本数据的认知

发动机性能的好坏可以通过一些数据来衡量，掌握这些数据的变化，可以判断发动机的工作是否正常。

## 1. 发动机各工作状态的主要性能数据

在标准状态下，从工厂试车台上测得的发动机主要工作状态的性能数据如表 1-2 所示。

**表 1-2　涡喷-6 发动机性能数据表**

| 工作状态 | 推力/kN | 燃料消耗率/(kg·$N^{-1}$·$h^{-1}$) | 转速/(r·$min^{-1}$) | 最高排气温度/℃ | 最长连续工作时间 | | | 备注 |
|---|---|---|---|---|---|---|---|---|
| | | | | | 地面 | | 空中 | |
| | | | | | 装上尾部 | 脱去尾部 | | |
| 加力 | 31.87 | ≤0.16 | 11 150±50 | 680 | 10 s | 6 min | 15 min | 连续工作时间已到规定，再次使用前应先用额定以下转速冷却 1 min |
| 最大 | 25.50 | $0.094^{+0.003}$ | 11 150±50 | 地面 650；空中 680 | 10 s | 6 min | $H$≤6 000 m 时，6 min；$H$≥6 000 m 时，10 min | |
| 额定 | 21.08 | $0.09^{+0.003}$ | 11 150±50 | 570 | | | | |
| 巡航 | 17.16 | $0.088^{+0.003}$ | 10 400±50 | | | | | |
| 慢车 | ≤0.981 | | $4\ 100^{+200}$ | 650 | 5 min | 10 min | 10 min | 连续工作时间已到规定，再次使用前应先用 9 800～10 000 r/min 转速工作 1 min |
| 放气带打开 | | | ≤$9\ 700_{-100}$ | | 5 min | 10 min | 10 min | |
| 地面起动 | | | | 850（瞬时） | 连续进行 5 次起动或 5 次冷开车后，再次起动或冷开车前，必须使起动发电机冷却 30 min以上 | | | |
| 冷开车 | | | 800～1 100 | | | | | |

**注：**（1）表中“燃料消耗率”表示发动机的经济性。发动机每产生 1 N 的推力，在 1 h 内所消耗的燃料质量，叫作燃料消耗率。燃料消耗率越小，发动机每产生 1 N 的推力，在 1 h 内所消耗的燃料越少，发动机的经济性越好。

（2）表中 $H$ 代表飞行高度。

## 2. 发动机的加速性能

涡喷-6 发动机的加速性能如表 1-3 所示。

表 1-3　发动机的加速性能一览表

| 起止状态 | 加速时间 | 排气温度允许瞬时（3～5 s）急增 | 瞬时超转 |
|---|---|---|---|
| 慢车（或 9 500 r/min）到额定 | 9～12 s | ≤750 ℃ | ≤11 500 r/min |
| 慢车（或 9 500 r/min）到最大 | 9～13 s | ≤750 ℃ | ≤11 500 r/min |
| 慢车（或 9 500 r/min）到加力 | 10～15 s | ≤750 ℃ | ≤11 500 r/min |

## 3. 发动机的其他数据

(1) 发动机寿命

发动机从出厂到第一次翻修，或者两次翻修之间的工作时数，叫作发动机的寿命。发动机的寿命是由工厂经过试车试验后，由有关部门经审批确定的。发动机翻修以后的寿命，由工厂根据该发动机在翻修后的情况和有关部门审批来确定。

(2) 发动机净重

不计油料，发动机质量为 708.1 kg。

(3) 发动机全长

带加力燃烧室，发动机全长为 5 506 mm。

(4) 发动机直径

发动机直径在燃烧室处测量为 668.6 mm。

(5) 加力燃烧室直径

加力燃烧室直径为 636 mm。

(6) 发动机最大高度

包括附件在内，发动机最大高度为 950 mm。

# 任务3　发动机主要部件的认知

## 1. 压缩器

压缩器是涡轮喷气式发动机的主要机件之一。压缩器用来提高空气的压力，以便混合气燃烧以后能更好地膨胀，增大发动机的推力。

涡喷-6 发动机采用的是九级轴向式压缩器。它由进气装置、机匣、整流环、叶轮和放气机构组成。

### 1）进气装置

如图 1-4 所示，进气装置由整流罩、整流支板和前罩圈组成，用来引导空气顺利地进入叶轮，以减少空气流动过程中的损失。

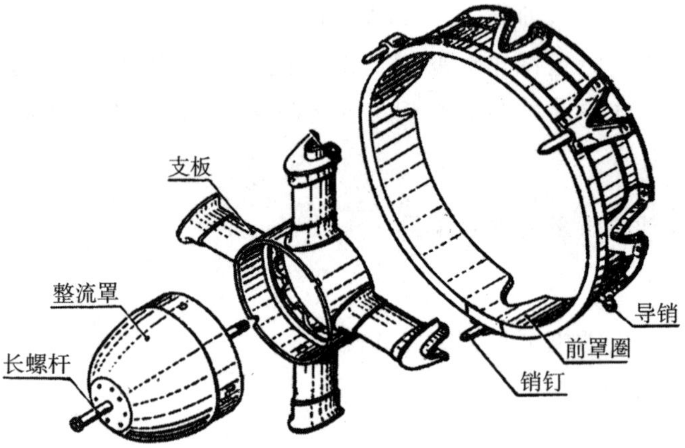


图 1-4　进气装置示意图

整流支板和前罩圈固定在压缩器机匣前结合面的螺桩上，整流罩用一根长螺杆固定在前机匣内中央传动机构盖上。整流罩和整流支板形成流线型的表面，以减小气体流过时的流动损伤。

前圈的前端有 3 个销钉，插在飞机机身第 16 隔框（强-5 飞机为第 24 隔框）上的销钉孔内，作为发动机固定在飞机上的前辅助固定点。两侧下方有导销，插在飞机机身前段的导轨内，以便在安装发动机时，使销钉能对准销钉孔。

在进气装置中设有防冰装置。这是因为当发动机在空气湿度较大、大气温度低于 2 ℃的条件下工作时，整流罩和整流支板前缘可能结冰。发动机在工作时，由于振动使冰层破裂，冰块被吸入压缩器，就会打坏叶片。为了防止结冰，将第九级增压后的热空气用导管引来，从发动机下方的整流支板前缘上的孔流入环形空腔内，然后分成两路：一路由环形空腔流到其他 3 块整流支板的夹层内，加热整流支板，然后从整流支板内壁上的小孔进入支板内腔，流到发动机舱，排出机外。另一路经通气管流到整流罩的夹层内，加热整流罩。加热后的空气又分两路：一路从整流罩内壁上的孔和支板内腔流出，进入发动机舱，排出机外；另一路从整流罩头部小孔流出，沿整流罩外表面进入压缩器。防冰装置中的热空气的流动路线示意图如图 1-5 所示。

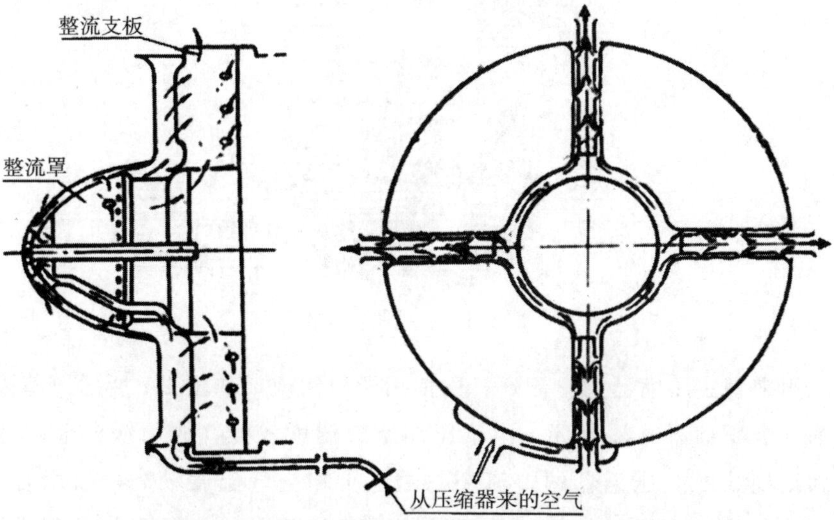


图 1-5　防冰装置中的热空气的流动路线示意图

压缩空气加温进气装置的效果主要决定于压缩空气温度的高低。压缩空气的温度与发动机转速有关。转速较大时，压缩空气温度较高，加温效果较好；中低转速时，压缩空气温度较低，加温效果较差。因此规定：当空气湿度较大、大气温度低于2 ℃时，发动机在 8 500 r/min 以下某一转速的连续工作时间不得超过 1.5 min，以防止进气装置的通道表面结冰。

如果工作时间需要延长，必须在 8 500 r/min 以上某一转速工作 30 s 后才能继续使用。

**2）机匣和整流环**

机匣内壁装有整流环，其内部装有叶轮。

压缩器的机匣包括前机匣、中机匣和后机匣 3 个部分。

前机匣的主要功能是支承叶轮的前轴。前机匣由内环、外环和连接内外环的 4 个空心径向支板组成，用镁合金制造。在前机匣的外环上面固定附件传动机匣，外环下部有一滑油前收油池，前收油池内的滑油可经滑油放油开关放出机外。内环前接合面装有中心传动机构，内环后部装有前轴承。前机匣上支板内插有传动轴。左支板内通过 3 根导管：从前向后分别为中轴承回油导管、轴承机匣通气导管和由压缩器第八级引来的压缩空气到前轴承挡油的空气导管。右支板内有 2 根导管，前边为后轴承回油导管，后边为滑油回油泵出油导管。前机匣示意图如图 1-6 所示。

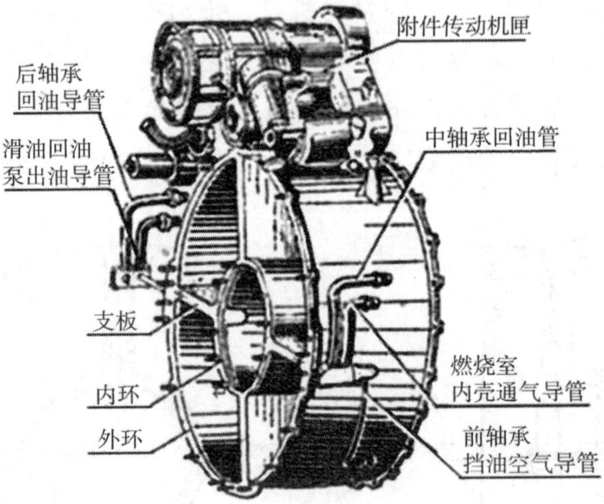


图 1-6　前机匣示意图

中机匣用来固定压缩器的整流环，由前后两段组成，如图 1-7 所示。前段内壁装有第一级到第五级压缩器的整流环，由于压缩空气温度较低，故用铁合金制造；后段内壁装有第六级到第八级压缩器的整流环，由于压缩空气温度较高，故用合金钢制造。为了便于安装叶轮，中机匣的前、后两段都可分为两半，中机匣前段和后段结合处，有一圈防止压缩器喘振的放气孔，并固定有放气机构。在中机匣后段的右上方与左下方各有一个出气接头，将第八级压缩器后的压缩空气分别引到主燃料泵和前轴承挡油装置。在中机匣的后结合面上固定有 3 个支架，是发动机固定在飞机上的主固定点。

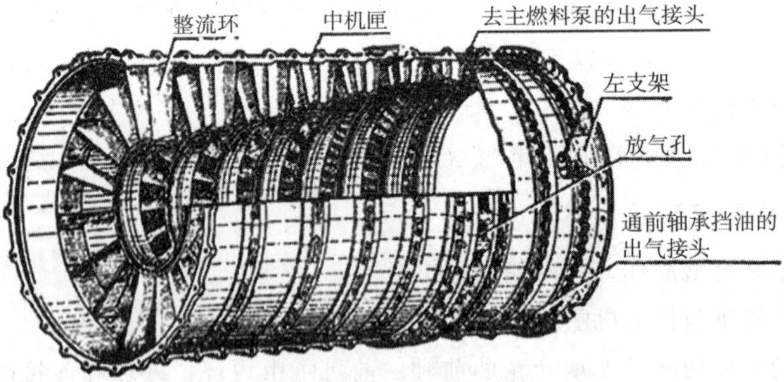


图 1-7　中机匣示意图

压缩器的整流环共有九级。每一级整流环均由一组整流叶片组成。

第一级整流叶片容易被吸入发动机的砂石等杂物打坏，故用合金钢制造。第二级到第五级整流叶片，用铝合金制造，以减轻重量。第六级到第九级整流叶片，由于温度较高，也用合金钢制造。整流叶片的表面都经过精细加工，以减小气体的流动损失。

各级整流环的整流叶片数目如表1-4所示。

**表1-4　各级整流环的整流叶片数目一览表**

| 级数 | 1 | 2 | 3 | 4 | 5 | 6 | 7 | 8 | 9 |
|---|---|---|---|---|---|---|---|---|---|
| 叶片数 | 18 | 22 | 26 | 60 | 68 | 68 | 68 | 68 | 68 |

### 3）叶轮

叶轮又叫压缩器转子，是对空气做功的机件。如图1-8所示，叶轮共分九级，它们固定在一起成为一个整体，位于中机匣内。每级叶轮均由轮盘和许多工作叶片组成，在第一级轮盘的前面和第九级轮盘的后面，分别装有前、后轴颈。前轴颈支承在前机匣内的前轴承上，后轴颈支承在燃烧室内壳的中轴承上。

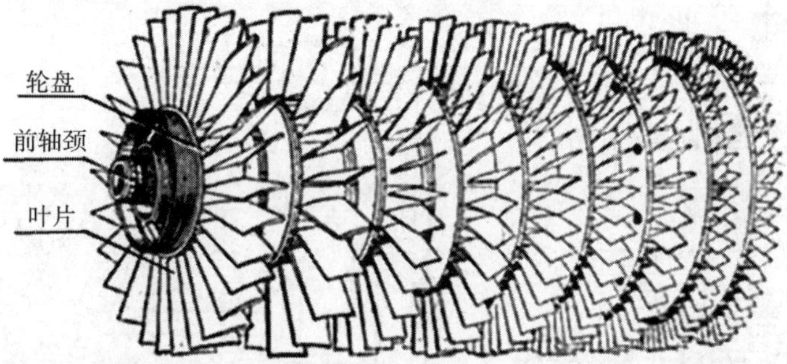


图1-8　叶轮示意图

各级叶轮的工作叶片数目如表1-5所示。

**表1-5　各级叶轮的工作叶片数目一览表**

| 级数 | 1 | 2 | 3 | 4 | 5 | 6 | 7 | 8 | 9 |
|---|---|---|---|---|---|---|---|---|---|
| 叶片数 | 29 | 17 | 28 | 33 | 52 | 52 | 53 | 65 | 65 |

第一级是超音速级，其他各级为亚音速级。工作叶片除第二级、第三级、第四级、第五级用铝合金制造外，其他各级均用合金钢制造。工作叶片的表面都经过精细加工，以减少气体的流动损失。九级工作叶片在轮盘上的固定形式不完全相同，前七级叶片用卡圈轴向固定，第八级和第九级叶片用单个锁片固定，如图1-9所示。

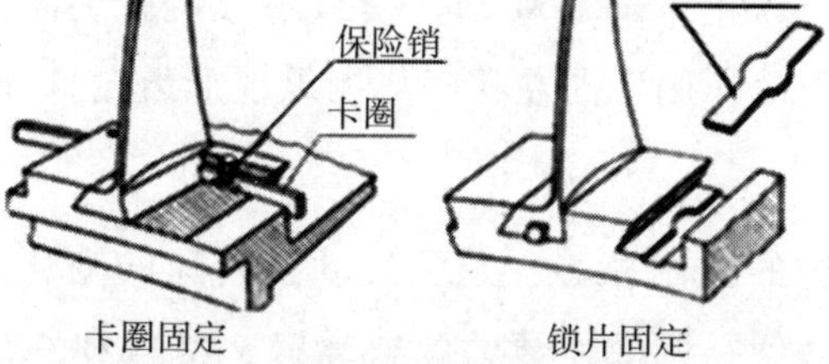


图1-9　工作叶片的固定示意图

发动机工作时，压缩器的叶轮被涡轮带着转动，叶轮中的空气在叶片的作用下不断地向后流动。这时，叶轮进口处空气稀薄，压力降低，形成一个低压区，外面的空气便经进气道源源不断地被吸入压缩器，并在其中受到压缩，空气压力得到提高。

**4）放气机构**

放气带的打开和关闭是由放气机构来控制的。涡喷-6 发动机采用中间级放气带的方式预防喘振的发生。

放气机构示意图如图 1-10 所示。

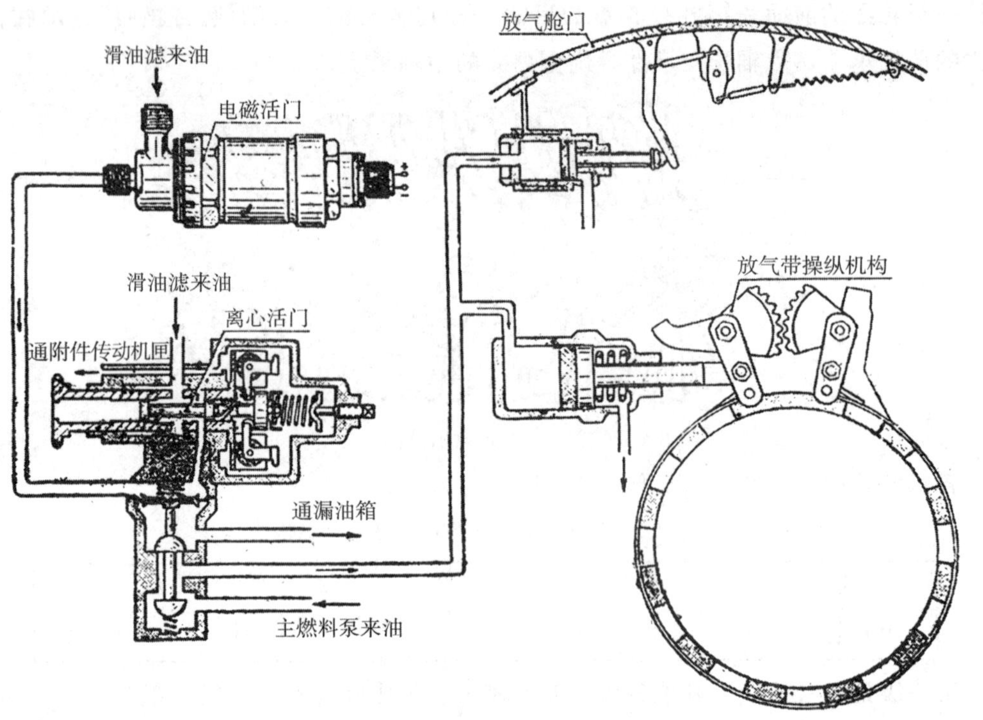


图 1-10　放气机构示意图

（1）放气带操纵机构

放气带操纵机构由放气带、扇形齿轮和作动筒组成。当离心活门使作动筒活塞左边进油时，活塞在油压力作用下向右移动，操纵扇形齿轮关闭放气带。在离心活门左边回油时，活塞在弹簧力的作用下向左移动，操纵扇形齿轮打开放气带。

（2）离心活门

离心活门是放气机构的控制核心，感受发动机转速的变化，控制作动筒开闭放气带，由离心飞重、分油活门、调准弹簧、调整螺钉、薄膜和双向活门等组成，如图 1-11 所示。

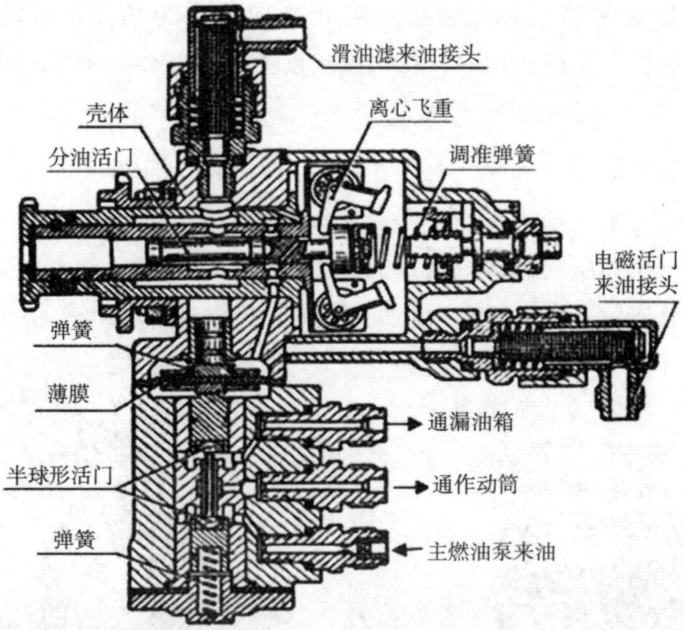


图 1-11　离心活门示意图

离心飞重由发动机转子带动旋转。分油活门与离心飞重相连，控制薄膜左边滑油的进出油路。其作用力有两个：一个是向上的飞重作用力（由飞重惯性离心力产生），大小随发动机转速而改变。一个是向下的弹簧力。调整螺钉与调准弹簧相接触，用来改变弹簧力。薄膜右边与双向活门相连，活门右边装有弹簧。双向活门左右移动，用来控制作动筒内高压燃料的进出油路。

放气机构根据发动机转速的变化，利用高压燃料的压力和弹簧力开闭放气带。

当发动机在 $9\ 700_{-100}$ r/min 以上时，燃料经过双向活门右边的进油路进入外筒内活塞的左边，推动活塞向右移动，关闭放气带，压气机不放气。

当发动机在 $9\ 700_{-100}$ r/min 以下任意转速工作时，作用在分油活门上的飞重作用力小于弹簧力，分油活门下移，薄膜左腔的滑油经过分油活门流回附件传动机匣。双向活门在右边的弹簧力作用下向左移动，打开放气带，压气机放气。活塞左边的燃料经过双向活门左边的出油路，从漏油装置流出机外。

为使压气机放气顺利，且防止放气时飞机机身承受过大的内外气体压力差，在机身前段发动机检查窗盖上装有放气舱门。放气带打开时，放气舱门在弹簧力的作用下打开。放气带关闭时，从主燃料泵来的高压燃料进入放气舱门作动筒，放气舱门关闭。

## 2. 燃烧室

燃烧室是涡轮发动机的重要部件，位于压气机和涡轮之间，主要功能是为高压空气与燃油混合、燃烧提供空间，将燃油的化学能转变为热能，形成高温高压的燃气。发动机的可靠性、经济性和寿命在很大程度上取决于燃烧室的可靠性和燃烧的有效程度。

涡喷-6 发动机的燃烧室为筒环形，由外壳、内壳和火焰筒组成，如图 1-12 所示。

**1）外壳**

燃烧室外壳（又称压气机后机匣）上有工作喷嘴、起动喷油点火器和滑油箱安装座，并有很多导管安装孔和出气接头，如图 1-13 和图 1-14 所示。

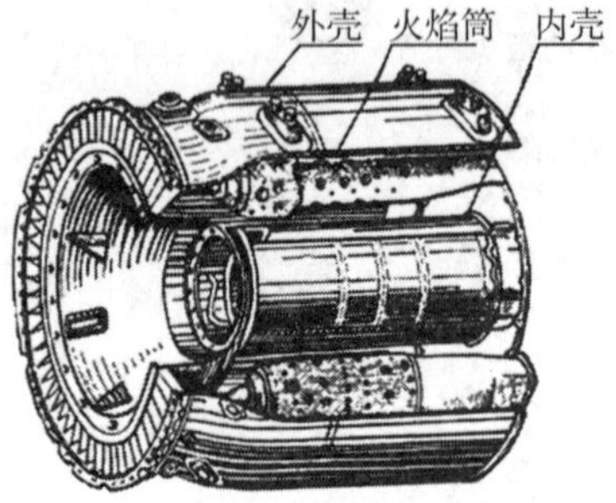


图 1-12　燃烧室结构示意图

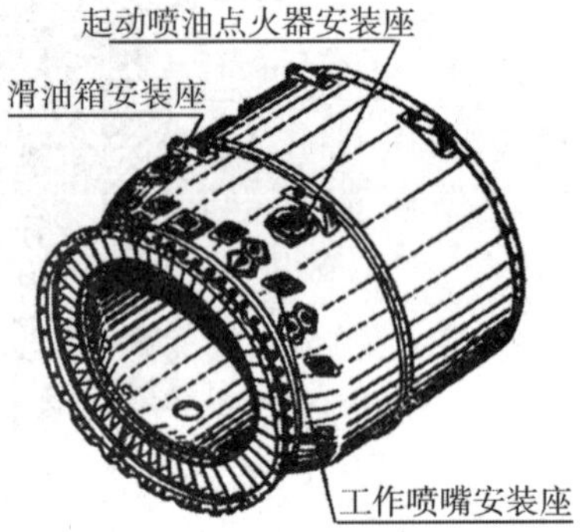


图 1-13　燃烧室外壳示意图

燃烧室的外壳（即发动机后机匣）用耐热钢制造，前面与发动机中机匣连接，后面与涡轮第一级向导器连接。一方面，与火焰筒共同构成两股气流的通道；另一方面，承担传递轴向力和扭矩的作用。

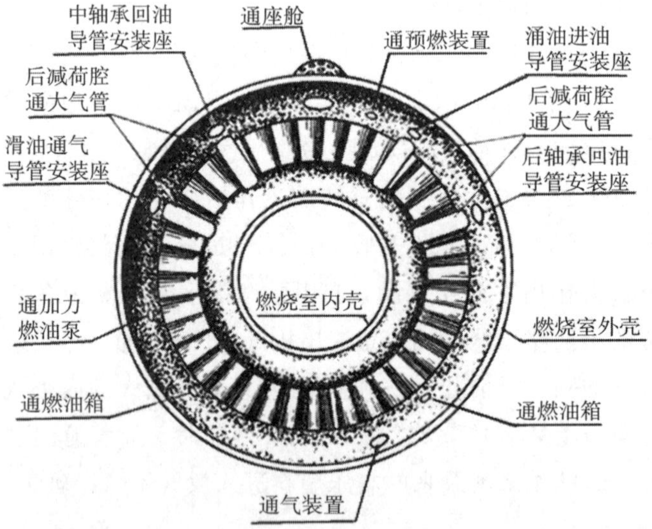


图 1-14　外壳前部的导管安装孔和出气接头的分布示意图（由后向前看）

在外壳前部的周围，有 10 个工作喷嘴安装座、4 个起动喷油点火器安装座、4 个滑油系统导管安装孔、6个出气孔（或出气接口）和4个通气孔。

4个滑油系统导管分别为内壳通导管、中轴承回油导管、滑油进油导管和后轴承回油导管。

6个出气接口分别将压缩空气通至进气装置、加力燃料泵、座舱、加力燃烧室的燃烧装置和飞机的煤油箱。通煤油箱的出气接头有2个，只用1个，左发动用右面的，右发动用左面的。

4个通气孔的作用是将从压气机漏入后轴颈与燃烧室内壳之间的空腔（又称后减荷腔）内的压缩空气排至机外，以减少压气机叶轮前的轴向力，减小中轴承负荷。

外壳中部上面有滑油箱的安装座，中部和后部有漏油孔，用来将燃烧室内部的积油排至机外。在外壳后端的安装边上有许多小孔，将一部分压缩空气引至涡轮导向器进行冷却。

**2）内壳**

内壳（又称轴承机匣）的构造如图1-15所示。

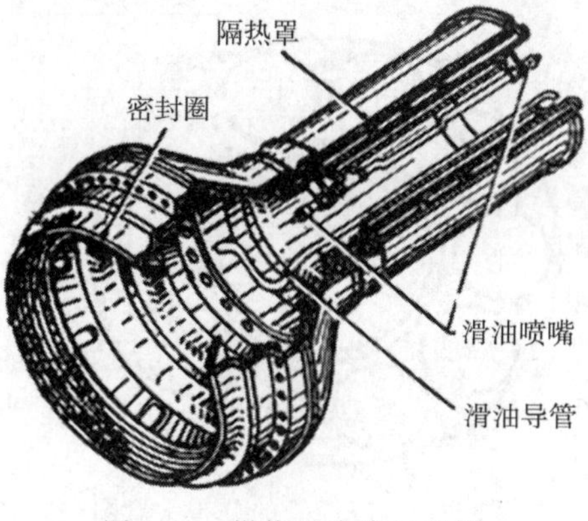


图1-15　燃烧室内壳示意图

内壳前面通过九级整流环叶片与外壳连接，后面与轴承的壳体、涡轮第一级导向器内环连接在一起。在壳体的里面，前部有一组密封圈，与压气机叶轮后轴颈上的密封圈相对，用来阻止压缩空气漏入后减荷腔。中部固定有中轴承的壳体。中部和后部固定有滑油喷嘴和滑油导管。

**3）火焰筒**

火焰筒由头部、燃烧段、混合段和燃气导管等组成，如图1-16所示。头部呈扩散形，在头部中央装有叶片式旋流器，其中心插有工作喷嘴。火焰筒的周围有许多孔，使空气能进入火焰筒内。火焰筒的后部逐渐变为扇形，在扇形出口外侧有凸边，卡在燃烧室外壳与涡轮第一级导向器外环之间。内侧有接耳，固定在连接环上，连接环则卡在第一级导向器的内环上，从而将火焰筒固定在涡轮第一级导向器上。

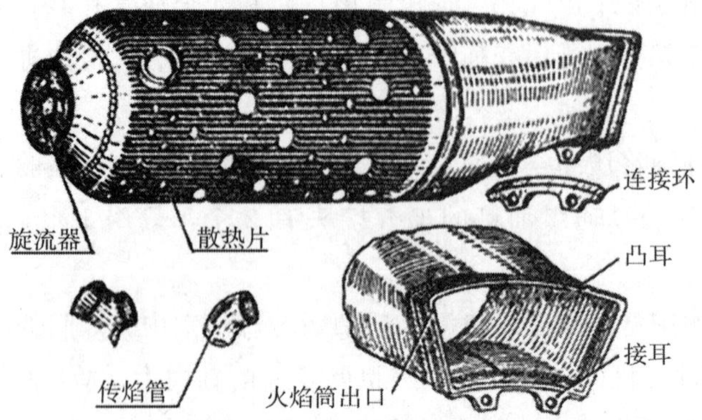


图 1-16　火焰筒结构示意图

如图 1-17 所示，10 个火焰筒围绕着燃烧室内壳排列成一圈，各个火焰筒的构造相同，均由耐热合金制成。在每个火焰筒之间有一传焰管，用来在起动时传播火焰。10 个传焰管中有 4 个为三通管，三通管的大孔内插有起动喷油点火器。

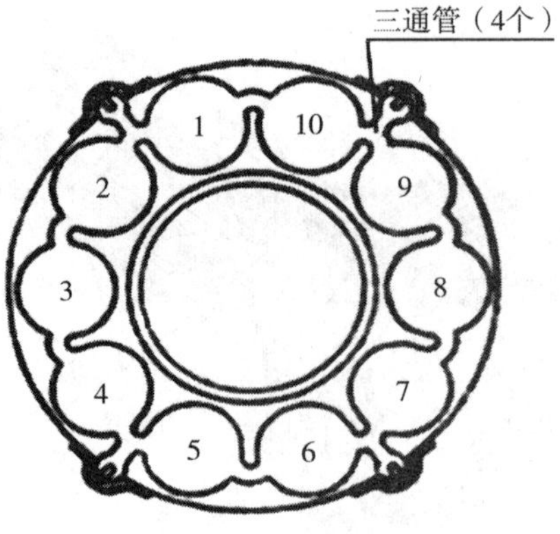


图 1-17　三通管的分布示意图

为了保证火焰筒在高温下工作时不被烧坏，需要对火焰筒进行冷却。火焰筒的冷却主要靠第二股气流从火焰筒外表面流过，带走筒壁上的热量。为了增加筒壁与空气的接触面积，增强冷却效果，在火焰筒壁上铣有散热片。火焰筒壁上的一些小孔，引入第二股气流，在局部区域内形成一层气膜，使高温燃气不直接接触筒壁，以减少燃气对筒壁的传热，使大孔之间的壁面与孔边的温差减小，从而减小热应力。

采用散热片虽然可以增大散热面积，对筒壁冷却起到一定的作用，但同时也带来了一些问题：一方面，耐热材料的导热性能差，影响冷却效果。外场使用结果表明，散热片尖部和根部的温度差很大，产生较大的热应力，易造成散热片根部和孔边裂纹，甚至掉块，打坏发动机。另一方面，在耐热合金上加工散热片，费工、费时间，生产效率低。

为了解决上述问题，目前已将火焰筒的结构形式改为气膜式。气膜式冷却的火焰筒是由几段焊接成的，如图 1-18 所示，利用各搭接边构成一环形腔，第二股气流由搭接边处小孔进入环形腔后，沿内壁形成一层很薄的气膜（即冷却气流），气膜可将燃气与筒壁隔开，以减少燃气对筒壁的传热，从而减少了火焰筒掉块打坏涡轮的故障，并提高了生产效率。

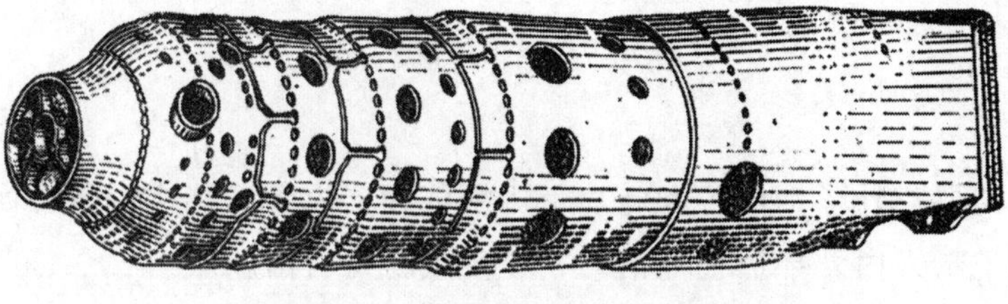

图 1-18　气膜式火焰筒示意图

目前，气膜式火焰筒尚未成批生产，当前出厂的发动机，其火焰筒均采用半气膜冷却方式。这种火焰筒的外形如图 1-19 所示，半气膜式火焰筒由老式火焰筒的头部和气膜冷却火焰筒的圆柱段组成。

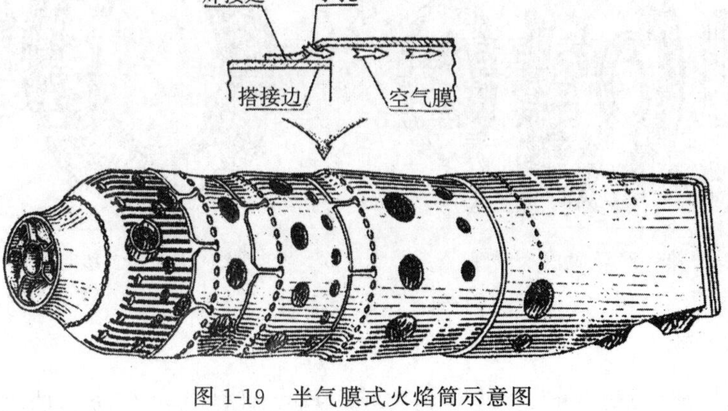


图 1-19　半气膜式火焰筒示意图

## 3. 涡轮

涡轮的功能是将燃气的一部分热能转换为机械能，带动压缩器和一些附件工作。涡轮由导向器和工作叶轮等组成，叶间通道收敛，为典型冲击反力式涡轮。

### 1）涡轮的构造

由于涡喷-6 发动机的压缩器需要的功率很大，采用双级涡轮，其组成如图 1-20 所示。每级都由一个导向器和一个工作叶轮组成。导向器安装在工作叶轮前面，固定不动。

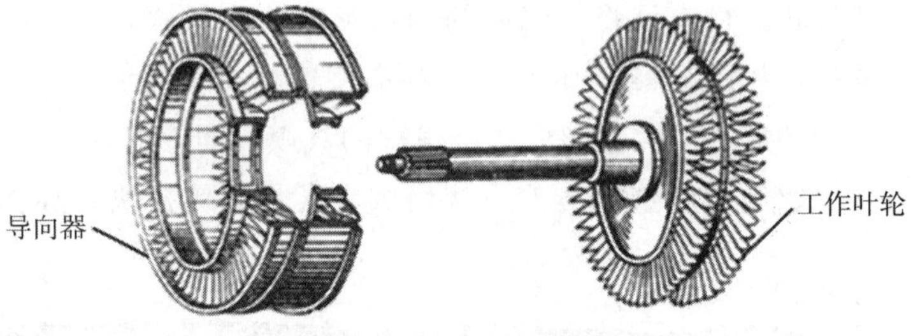


图 1-20　涡轮结构示意图

(1) 导向器

第一级导向器有外环、内环和叶片，用螺杆和支撑管连接成一体，如图 1-21 所示。叶片是空心的，卡入内外环后仍能活动，在受热时可自由膨胀。

第二级导向器只有外环和叶片，如图 1-22 所示。外环固定在第一级导向器外环的后面。第二级导向叶片是实心的，仅顶端固定在外环上。在外环的下面有漏油孔，外面接有导管，用来将导向器中的积油排至机外。

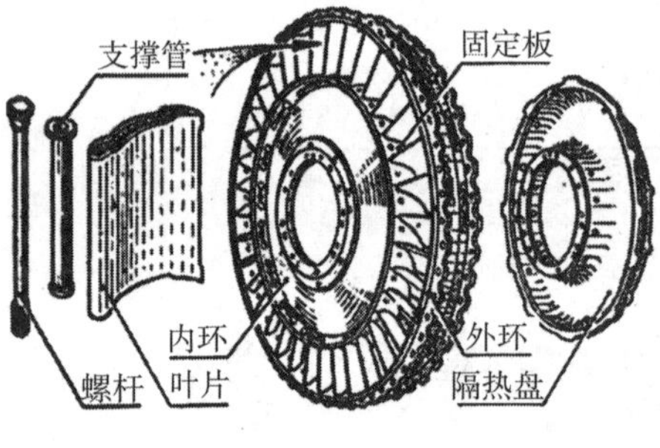


图 1-21　第一级导向器示意图

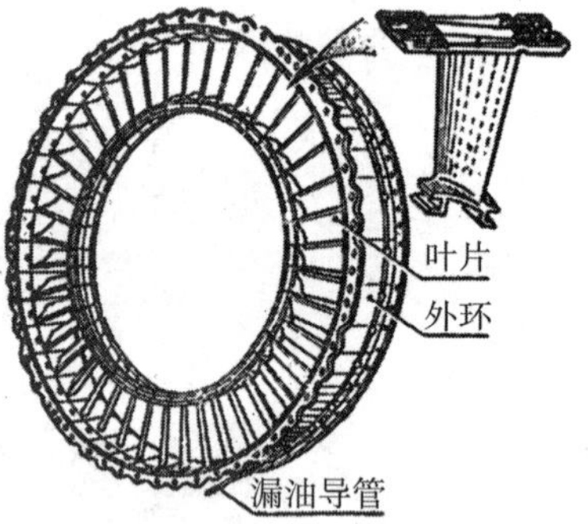


图 1-22　第二级导向器示意图

(2) 工作叶轮

工作叶轮由涡轮盘、涡轮叶片和涡轮轴组成，如图 1-23 所示。两个涡轮盘利用固定筒将它们连接成一体。在涡轮盘上有许多塔形槽和通气孔，用来安装涡轮叶片和通散热空气。

涡轮叶片根部为塔形，如图 1-24 所示。涡轮叶片插在涡轮盘的塔形榫槽内，用锁片保险。第一级涡轮叶片的锁片中间有凸块，卡在叶片根部的缺口内，两端弯曲紧贴在涡轮盘上，防止叶片向前后移动。第二级涡轮叶片的锁片为 T 形，放在涡轮盘的塔形榫槽内，不能向后移动。第二级涡轮叶片的前面用固定筒挡住，将锁片的尾部翘起后，可防止涡轮叶片向后移动。涡轮叶片在涡轮盘上固定以后，涡轮叶片根部与涡轮盘之间，以及涡轮叶片顶端与导向器外环之间均应有间隙，以便叶片受热时能自由膨胀。在定期检修工作中，应检查第二级涡轮叶片与导向器外环的间隙，此间隙不应小于 1.6 mm。

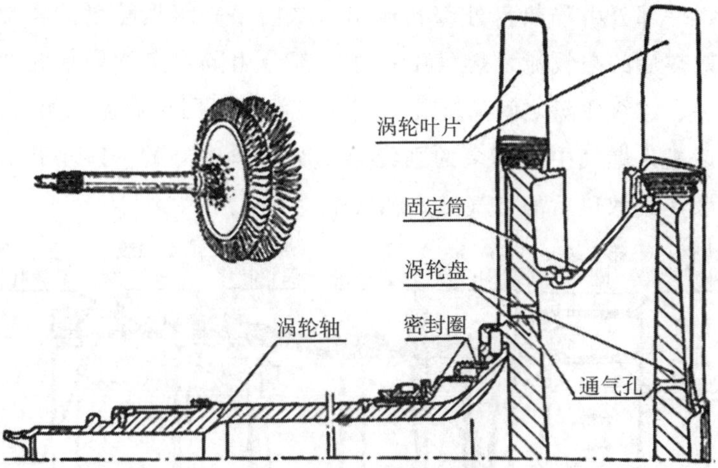

图 1-23 工作叶轮结构示意图

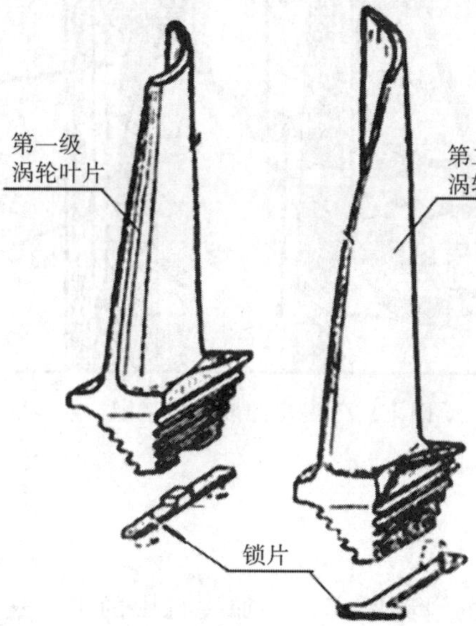

图 1-24 涡轮叶片和锁片示意图

### 2）涡轮的散热

为了防止涡轮过度受热，保证涡轮工作安全，利用火焰筒周围的第二股气流的一部分对涡轮进行散热。涡轮的散热示意图如图 1-25 所示。

散热空气分两路引入：一路从燃烧室外壳与火焰筒之间引入，经过第一级导向器外环安装边上的小孔，进入第一级导向叶片外端与外环之间。一部分散热空气进入空心导向叶片内，对导向叶片散热，然后从导向叶片内端与固定板的间隙流到燃气中；另一部分散热空气向后流进第二级导向叶片固定板与涡轮外壳之间，对第二级导向叶片和涡轮外壳散热，散热后的空气流入燃气中。另一路是从燃烧室内壳与隔热筒之间流到隔热盘中。一部分由隔热盘外部孔流出，吹向第一级涡轮盘的塔形榫槽，对叶根及轮缘散热，散热后的空气流入燃气中；另一部分由隔热盘的内部孔通过第一级涡轮盘上的孔进入一、二级轮盘之间的空腔，其中大部分顺固定筒流向第二级轮盘的轮缘，流过塔形榫槽后进入燃气中，其余的则经第二级轮盘中心的一圈小孔流出，对第二级轮盘的后表面散热，散热后的空气流入燃气中。

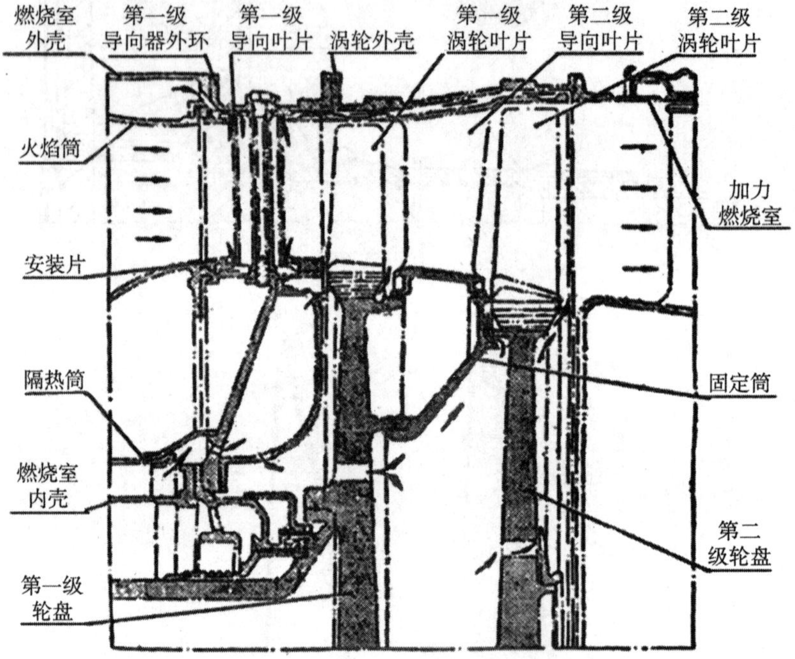

图 1-25　涡轮的散热示意图

### 4. 加力燃烧室和喷管

为了缩短飞机在起飞时的滑跑距离，增加飞行中的平飞速度、上升率和升限，需要发动机提供更大的推力，但是发动机处于最大工作状态后，再继续增加推力受到发动机的转速和涡轮前燃气温度的限制。为了解决这个矛盾，涡喷-6 发动机在涡轮后再一次喷入燃料，利用燃气中剩余的氧气进行再一次燃烧，增大发动机的推力，改善飞机的机动性能，这种方法叫作复燃加力。加力燃烧室就是供发动机加力时，再一次喷入燃料，进行燃烧的地方。

喷管装在加力燃烧室的后面，它的作用是使燃气在其中继续膨胀，以比飞行速度大得多的速度喷出发动机，保证发动机产生推力。为了适应发动机工作状态改变的需要，喷管的喷口是可以调节的。

### 1) 加力燃烧室

加力燃烧室由扩散部分（或称扩散器）、主体和预燃装置组成，如图1-26所示。

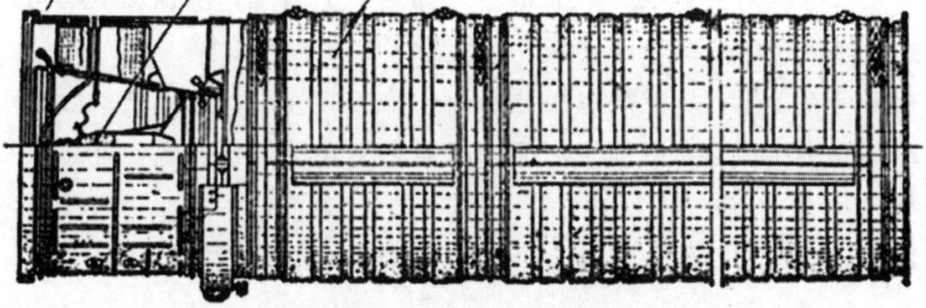


图1-26 加力燃烧室结构示意图

扩散器用来降低燃气速度，有利于稳定燃烧。扩散器由外壳、整流锥、火焰稳定器、支板等组成，如图1-27所示。

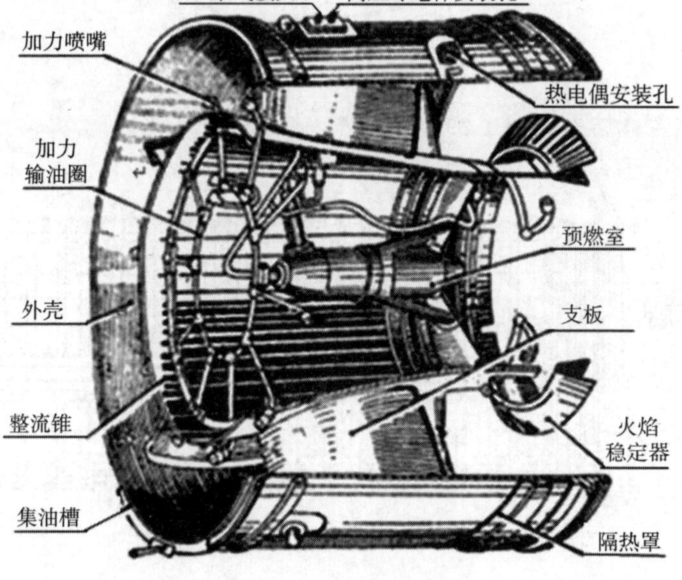


图1-27 扩散器剖视图

环形扩散通道用于降低气流速度，保证燃烧稳定。

燃料喷射系统分前后两排，前排输油圈有10个喷油嘴，逆气流45°喷出，加速燃料雾化，后输油圈5个喷油嘴也逆气流喷出，均采用离心式喷嘴。

火焰稳定器的功能是使气流产生紊流，形成回流区，加速混合气体的形成过程，加强燃烧过程，稳定火焰和提高完全燃烧度。涡喷-6发动机采用V形槽火焰稳定器，环形结构。

预燃室是加力燃烧室的核心，保证加力燃烧室内混合气体在高空点火的可靠性。加力时，加力电磁活门通电，打开油路，从主输油圈来的燃油经小油箱、电磁活门、节流器到气化器，与第九级压气机的高压气体混合，形成油气混合物，进入预燃室。与此同时，点火电嘴产生火花，点燃混合气体，形成火焰，从预燃室喷出，点燃后排燃油。在加力燃烧室内形成稳定火焰后，预燃室自动停止工作。

为了保证可靠工作，从燃烧室用导管引入第二股气流，对预燃室后半段和喷口进行冷却，冷却气流在预燃室后部折流冷却后通过小孔进入预燃室，可起到补充燃烧的作用。

扩散器安装边与加力燃烧室用快卸环连接固定，如图 1-28 所示。

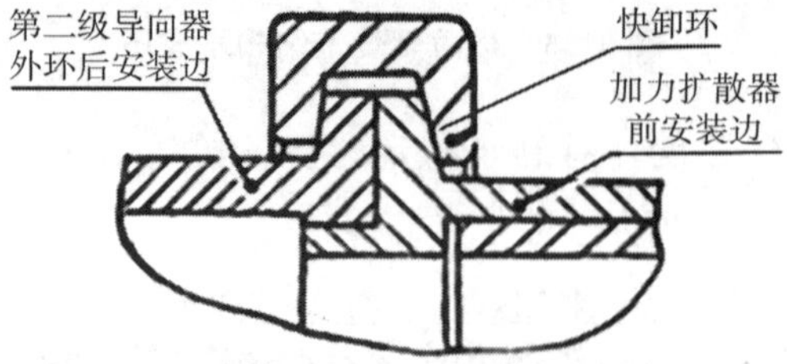


图 1-28 快卸环安装示意图

加力燃烧室主体结构如图 1-29 所示。

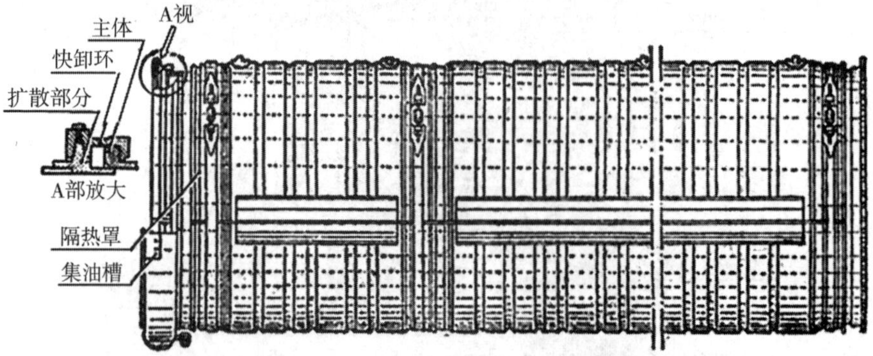


图 1-29 加力燃烧室主体结构示意图

在主体外部装有隔热罩。由于主体较长，后面还装有喷管，给它的固定带来了两个问题：一个是当主体轴线与发动机轴线稍有偏斜时，固定处会产生很大的附加负荷；另一个是当它受热时，轴向伸长较多，如果它的膨胀受到限制，其内部会产生很大的热应力。

为解决这些问题，主体和扩散部分后端都有安装边，外面套有快卸环。快卸环内表面有两个凹槽，后面一个缺槽的宽度比主体前安装边的厚度要大一些，且主体前安装边做成球面，所以主体与扩散部分固定处有一定的活动余地，允许主体相对发动机轴线稍有偏转，并允许轴向移动，使固定处不致产生很大的附加负荷。

发动机在高空加力时，混合器点燃条件变差，用电嘴直接点燃较困难。为了保证发动机在高空加力时能迅速、可靠地点燃混合气，设有预燃装置。预燃装置由固定在加力燃烧室整流锥后部中央的预燃室和安装在压缩器机匣上方的小油箱、电磁活门、层板节流器和汽化器等组成，如图 1-30 所示。

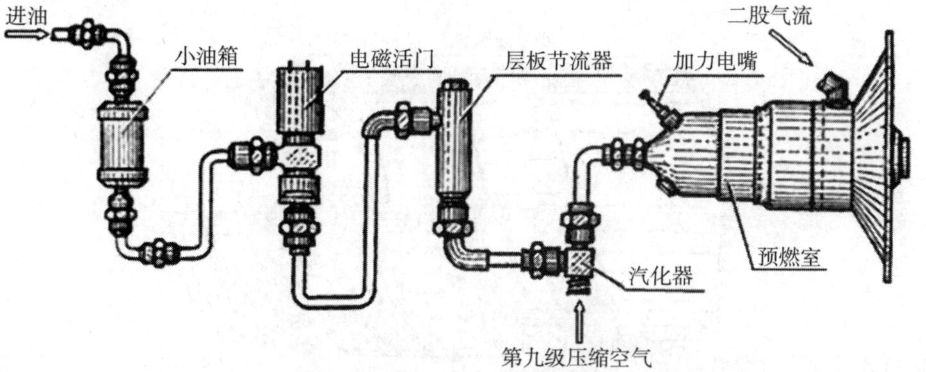


图 1-30　预燃装置结构示意图

预燃室由内外锥体、内外壁、导流板、电嘴座和喷口等组成，如图 1-31 所示。

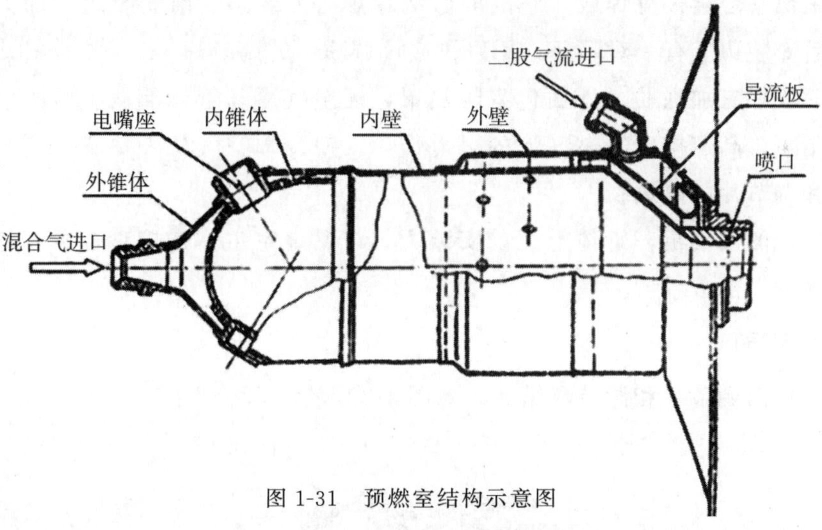


图 1-31　预燃室结构示意图

当预先混合好的混合气通过内外锥体形成的扩散型通道后，流速降低，并在内锥体后凹面内形成强烈的涡流。导流板在内外壁之间形成两层腔道，来自燃烧室的两股气流在此腔内流过。两股气流冷却内壁后，通过内壁两排交错的 16 个小孔，进入预燃室燃烧。然后，火焰由预燃室喷口喷出，点燃加力燃烧室中的混合气。

当发动机接通加力状态时，汽化器电磁活门打开，燃油由主燃油总管经导管、小油箱和节流器进入汽化器，由其喷雾器的 3 个小孔逆着气流喷射，与空气形成混合气并沿导管进入预燃室。同时，加力点火线圈供高压电嘴跳火，点燃混合气，形成火焰，自预燃室的喷口喷出，点燃加力燃烧室的混合气。

**2）喷管**

喷管装在加力燃烧室的后面，喷口呈收敛型，使燃气膨胀加速，以增大喷气速度。涡喷-6 发动机的喷管由管体、可调喷口和液压操纵部分组成，如图 1-32 所示。

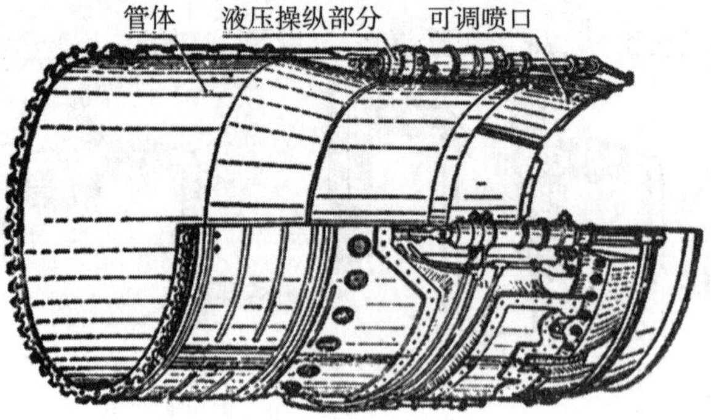


图 1-32　喷管结构示意图

（1）管体

管体用镍基合金板料焊成，它的前后端均焊有安装边。前安装边与加力燃烧室主体相连；后安装边上有 8 对耳环，用以铰接可调喷口的调节片。

管体前段焊有加强肋，外面包有隔热罩，通空气冷却管体前段。后段外面套有隔热套，利用喷口高速排出的燃气流的引射作用，使冷却空气从隔热套内流过，以加强对作动筒和调节片的散热。

后期生产的发动机，管体上无前安装边，与燃烧室主体搭接滚焊成一体，为加力燃烧室主体的一部分。

（2）可调喷口

可调喷口由调节片和调节环组成，如图 1-33 所示。

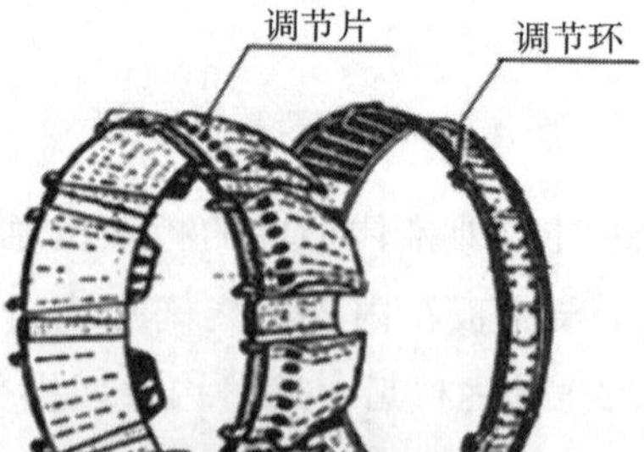


图 1-33　可调喷口结构示意图

可调喷口在不同工作状态下有 3 种喷口直径。

8 块调节片在排气管后端围成一圈，构成发动机的可调喷口。当调节环在作动筒的操纵下向前运动，喷口面积减小；当调节环向后运动，喷口在燃气压力的作用下面积增大。

（3）液压操纵部分

液压操纵部分由 4 个喷口收放作动筒和 3 个电磁开关组成。

喷口收放作动筒有前、后两个活塞，它们都装在外筒内。前活塞的活塞杆是空心的。活塞的活塞杆用接耳与调节环连接。两个活塞把作动筒分成前、中、后 3 室，如图 1-34 所示。外筒的外面有 3 个接头，分别接通 3 条油路（为区分起见，取名为 1、2、3 号接头）。外筒的前头用螺帽固定套筒和密封衬套。套筒的前端有接耳与管体连接。在密封衬套里面装有调整螺套，在外筒的后端也装有调整螺套。

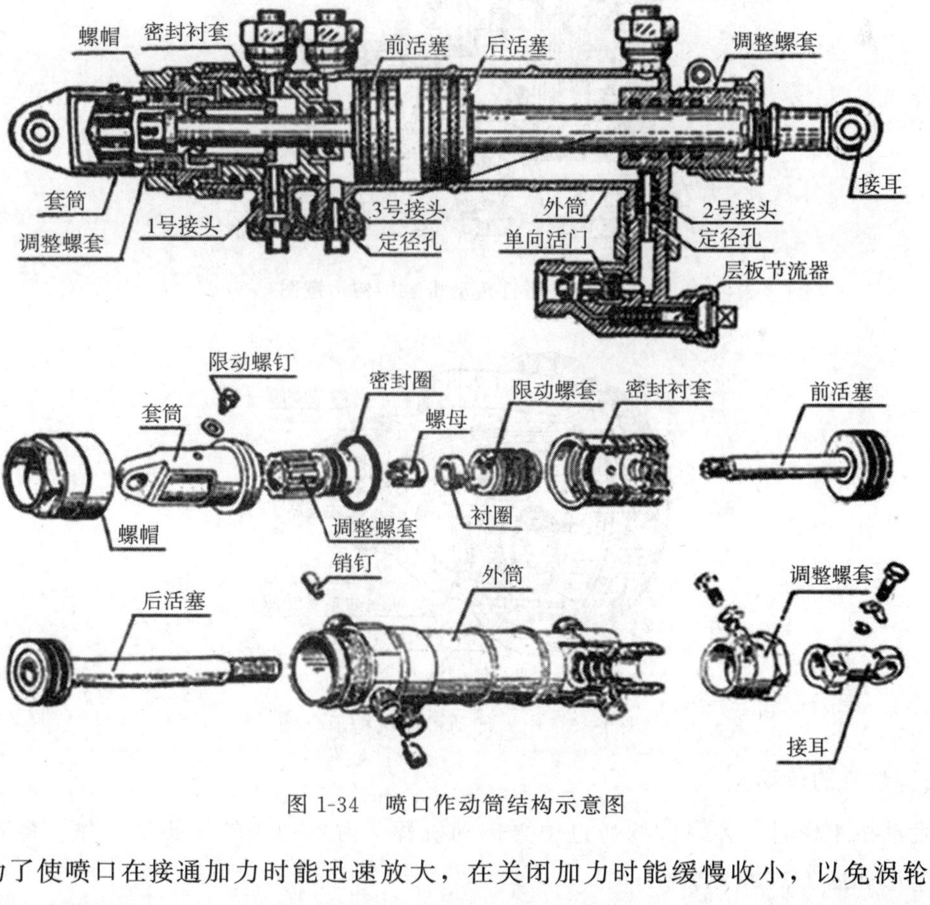


图 1-34　喷口作动筒结构示意图

为了使喷口在接通加力时能迅速放大，在关闭加力时能缓慢收小，以免涡轮后的燃气压力突然升高而引起发动机喘振，在外筒的 2 号接头出口装有单向活门和限流器。单向活门在 2 号接头回油时才能打开。

为了控制最大工作状态至加力工作状态喷口放大的时间，以及额定工作状态至最大工作状态喷口收小的时间，在 2、3 号接头内装有限流嘴（定径孔）。

### 5. 附件传动装置

附件传动装置用来安装和传动飞机、发动机上的附件。由中央传动机构、附件传动机匣和二速传动机构组成。

#### 1）附件的安装

飞机、发动机上的一些附件是由发动机转子带动工作的，为了传动方便，这些附件大部分安装在附件传动机匣上，如图 1-35 所示，只有滑油回油泵和油气分离器安装在前机匣的中央传动机构壳体内，如图 1-36 所示。

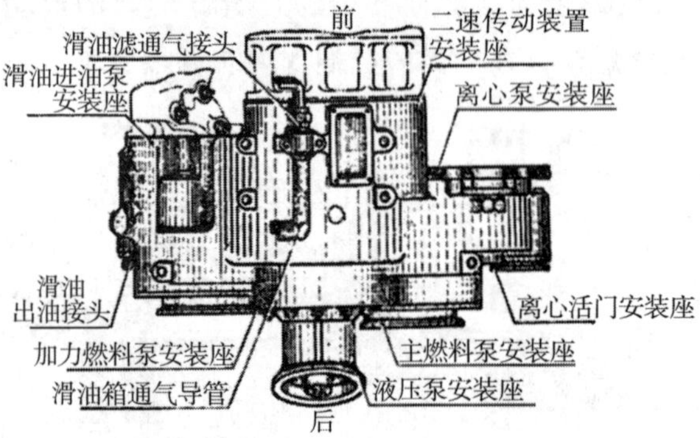


图 1-35　附件传动机匣结构示意图

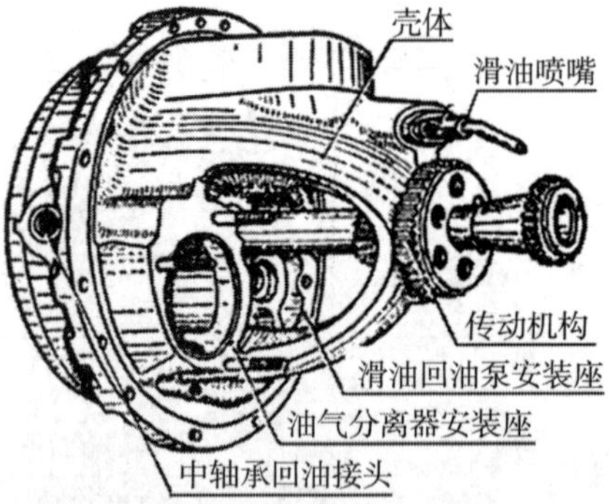


图 1-36　中央传动机构结构示意图

#### 2）附件的传动

发动机工作时，各附件均通过中央传动机构，由发动机转子带动工作。各附件的传动情形如图 1-37 所示。

各附件工作时的转速不同。发动机的转速与附件转速之比，称为附件的转速比。发动机的转速大于附件的转速时，附件的转速比大于 1；反之，附件的转速比小于 1。

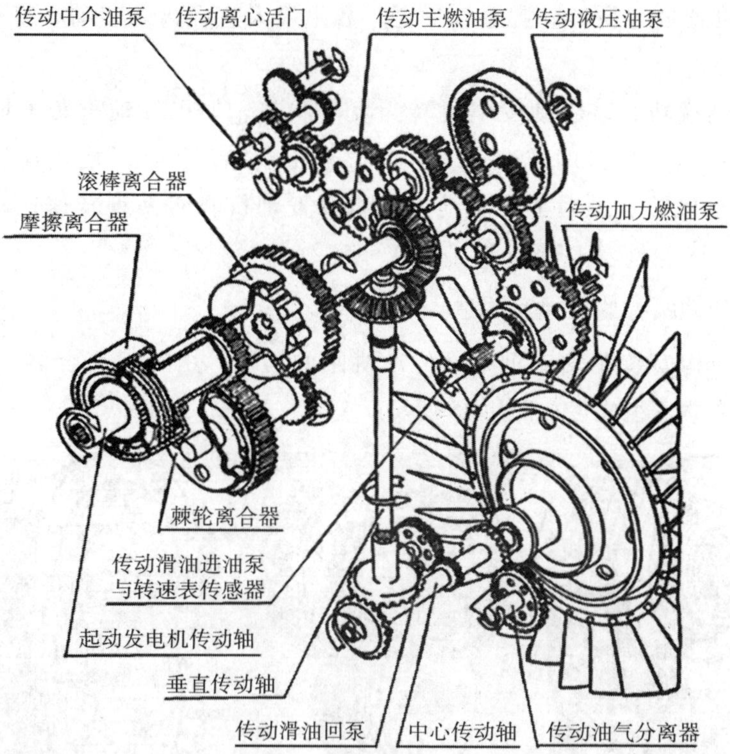


图1-37　附件的传动情形示意图

各附件的转速比如表1-6所示。

**表1-6　各附件的转速比一览表**

| 附件名称 | 转速比 | 附件名称 | 转速比 |
|---|---|---|---|
| 起动发电机 | 2.788（起动状态）<br>1.25（发电状态） | 滑油进油泵 | 4 |
| 主燃油泵 | 3.125 | 滑油回油泵 | 2.55 |
| 加力燃油泵 | 3.125 | 油气分离器 | 0.76 |
| 中介油泵 | 1.25 | 液压油泵 | 4.5 |
| 离心活门 | 1.765 | 转速表传感器 | 4 |

### 3）二速传动机构

发动机起动时，其转子是由起动发电机带动的，为了使发动机转子获得较大的转动力矩，能够迅速起动，必须有一个减速机构。

减速机构是用小直径齿轮带动大直径齿轮的传动机构，可以使大直径齿轮获得较大的转动力矩，但大直径齿轮的转速会减小。将减速机构应用到发动机的传动机构中，发动机的转子就比较容易转动起来。反之，如果用大直径齿轮带动小直径齿轮，就是增速机构。

发动机起动成功后，起动发电机转为发电状态。如果发动机转子增速带动起动发电机转子，起动发电机的转速就太大了，容易损坏。因此，应当使发动机转子减速带动起动发电机转子。为了使起动发电机和发动机具有两种转速比，采用二速传动机构。

(1) 二速传动机构的组成和构造

二速传动机构安装在发动机附件传动机匣的前部，由棘轮离合器、滚棒离合器、摩擦离合器和壳体等组成，如图 1-38 所示。

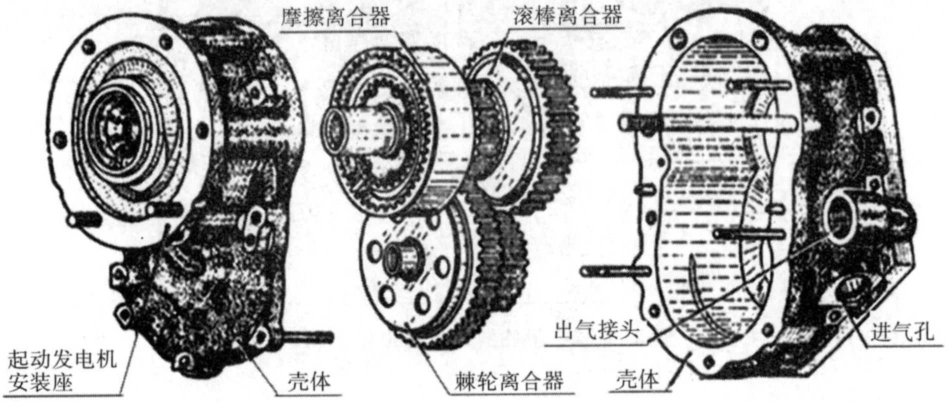

图 1-38　二速传动机构的结构示意图

棘轮离合器的结构如图 1-39 所示。棘轮的外面有齿，里面有锯形齿。离合子共有 3 个，都用销钉固定在离合子安装座上，并能绕销钉转动。离合子前端较小，尾端较大，重心靠近尾端。销钉上装有弹簧，弹簧的张力使离合子前端向外张开，卡在棘轮的锯形齿内。

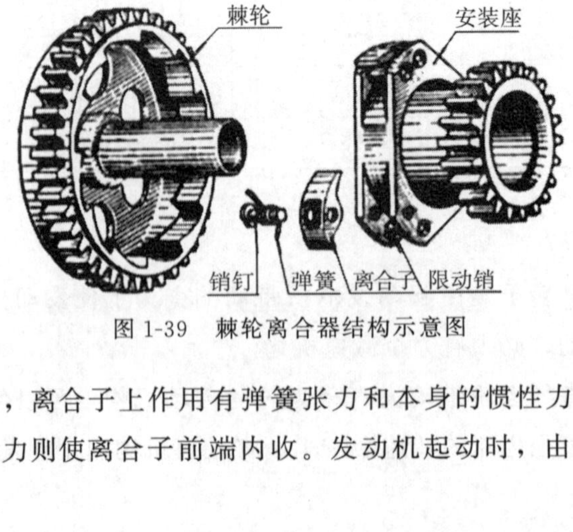

图 1-39　棘轮离合器结构示意图

发动机在工作时，离合子上作用有弹簧张力和本身的惯性力。弹簧张力使离合子前端外张，惯性离心力则使离合子前端内收。发动机起动时，由于转速较小，离合子本身的惯性离心力也较小，所以弹簧张力的作用是主要的，使离合子前端外张，因而棘轮与安装座卡合。随着发动机转速增加，离合子的惯性离心力随之增大，而弹簧张力保持不变。当转速增加到 2 550～2 900 r/min 时，惯性离心力对离合子的作用大于弹簧张力对离合子的作用，惯性离心力的作用变成主要的，使离合子前端内收，因而棘轮与安装座脱开。

摩擦离合器的结构如图 1-40 所示。

摩擦片由一组铜片和钢片组成。铜片上有外套齿，与外齿轮上的内套齿啮合。钢片上有内套齿，与内齿轮上的外套齿啮合。铜片和钢片相间地安装在内外齿轮间，并用一组弹簧压紧。

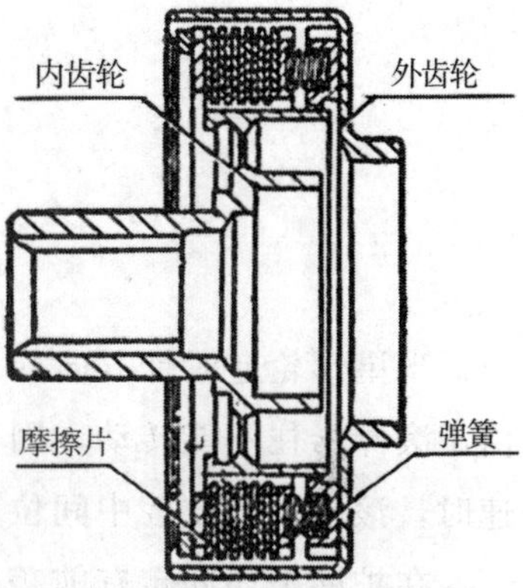

图 1-40　摩擦离合器结构示意图

当内外齿轮间传递的转动力矩较小，不足以克服铜片与钢片间的摩擦力时，内外齿轮以相同的转速转动。当内外齿轮间传递的转动力矩过大而超过铜片与钢片间的摩擦力矩时，它们之间将产生滑动，内外齿轮的转速则不相同。因此，在刚起动时，摩擦离合器可用来防止因带动发动机的转动力矩过大而损坏起动发电机。在起动后，一旦起动发电机卡住，可防止二速传动机构损坏。

滚棒离合器的结构如图 1-41 所示。滚棒装在护圈周围的孔内。护圈套在星形轮的外围，用来保持滚棒的相对位置不变。在护圈和星形轮之间还装有一个卡圈，卡圈的一端插在星形轮的小孔内，另一端则卡入护圈的槽内，卡圈的弹力总是使护圈带动滚棒进入卡住状态。

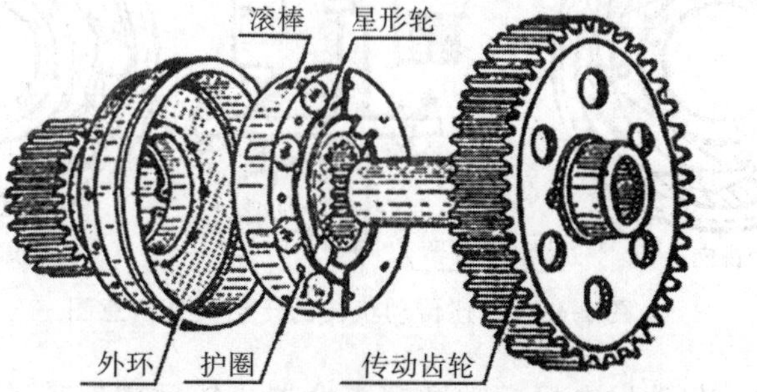

图 1-41　滚棒离合器结构示意图

滚棒离合器工作原理示意图如图 1-42 所示。在外环与星形轮之间的空腔内，当滚棒处在空腔中间位置时（图中虚线所示的位置），由于空腔沿半径方向的距离较大，滚棒能够转动；而滚棒处在图中实线所示的位置时，由于空腔沿半径方向的距离较小，滚棒被卡住而不能转动。

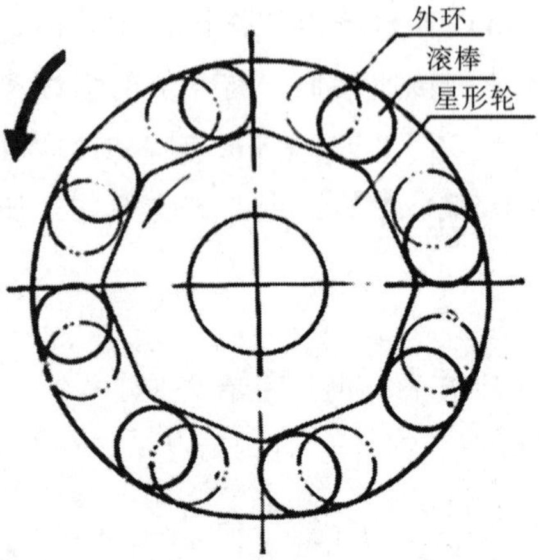


图 1-42　滚棒离合器工作原理示意图

当星形轮逆时针方向转动时，在卡圈弹力的作用下，滚棒处在卡住位置。此时，由于滚棒卡住不能转动，因而星形轮能带动外环转动。当外环的转速大于星形轮的转速时，滚棒处在空腔中间位置。此时，由于滚棒松脱，因而外环不能带动星形轮转动。

在护圈上还固定有前盖板，前盖板上的两个凸边在星形轮的凹槽中，在外环转速大于星形轮转速的情况下，防止滚棒越过空腔中间而被星形轮的另一凸边卡住。

(2) 二速传动机构的工作情形

二速传动机构各组成部分之间的传动关系如图 1-43 所示。

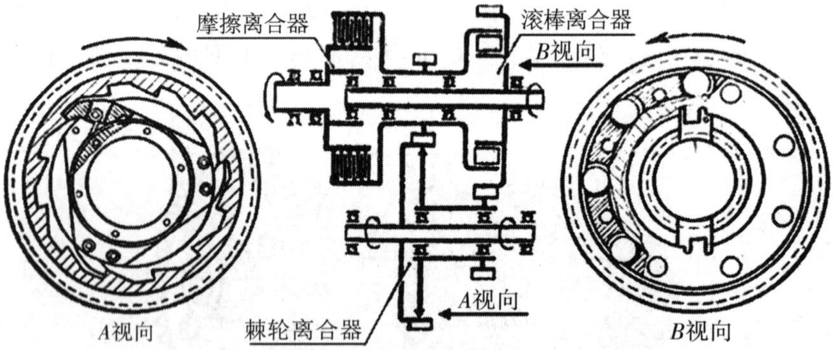


图 1-43　二速传动机构的传动关系示意图

发动机起动时，起动发电机带动摩擦离合器，然后减速带动棘轮离合器的棘轮旋转。由于离合子卡在棘轮的锯形齿内，离合子座随棘轮一起旋转，并减速带动传动齿轮旋转，通过传动齿轮带动发动机转子和附件工作。这时，滚棒离合器因外环随摩擦离合器旋转，星形轮随传动齿轮旋转，外环的转速大于星形轮的转速，滚棒处在松脱位置，所以外环不能带动星形轮转动，滚棒离合器不参与工作。

当发动机转速增加到 2 550～2 900 r/min 时，棘轮离合器脱开，附件传动机匣的附件和二速传动机构都由发动机转子带动。同时，滚棒离合器开始工作，发动机转子不通过棘轮离合器而直接通过滚棒离合器、摩擦离合器带动起动发电机工作。由于中心传动轴的齿轮比垂直传动轴的齿轮小，中心传动轴是减速传动，起动发电机的转速比发动机转子的转速要小，能保证起动发电机不致因转速过大而损坏。

发动机上装有二速传动机构后，它的转子是不可能倒转的。发动机转子倒转时，它经传动齿轮带动星形轮，同时通过棘轮离合器（处在结合状态）带动滚棒离合器的外环，有加速旋转的趋势，力图使外环的转速大于星形轮的转速。于是，滚棒离合器带动星形轮将外环卡住，使它不能加速旋转，因而发动机转子不可能倒转。

# 任务4　发动机滑油系统的构造认知与工作原理分析

滑油系统的主要功能：当发动机工作时，连续不断地把足够数量的滑油输送到发动机各传动机件的轴承和传动齿轮的啮合处，进行润滑，以减少其磨损，带走摩擦所产生的热量。滑油系统还供给离心活门及放气带电磁活门工作用的滑油。

## 1. 滑油系统的组成

滑油系统主要由滑油箱、进油泵、调压活门、滑油滤、单向活门、滑油喷嘴、收油池、回油泵、滑油散热器、油气分离器、放油开关、滑油压力传感器等组成，如图1-44所示。

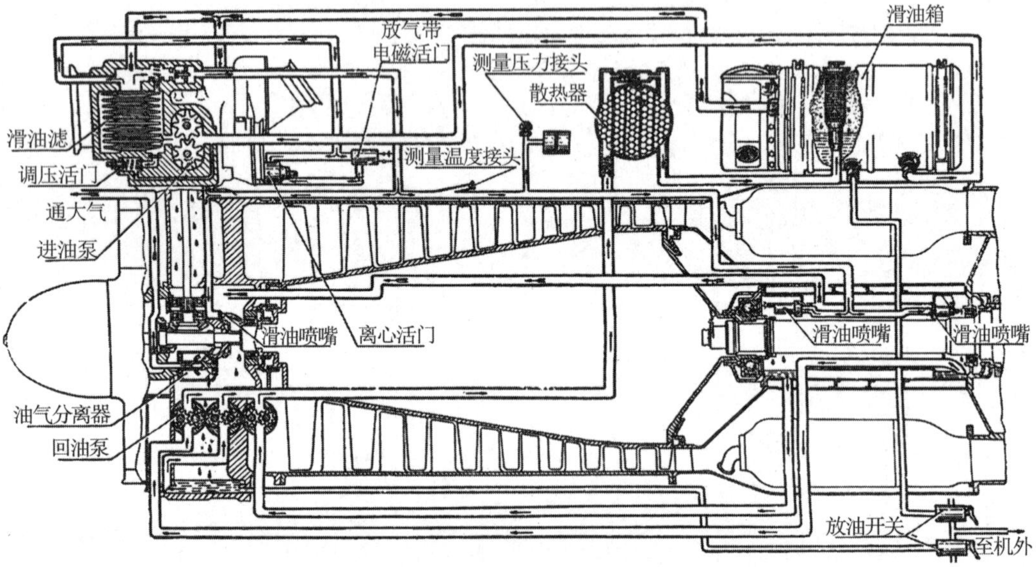


图1-44　滑油系统的结构示意图

## 2. 滑油系统的工作路线

滑油系统中的滑油是循环使用的，其工作路线示意图如图1-45所示。图中的实线表示滑油的流动路线，虚线表示通气部分。

(1) 供油部分

发动机工作时，进油泵将滑油箱内的滑油抽出，并提高其压力，然后送到滑油滤。过滤后的清洁滑油分成两路：一路去离心活门和放气带电磁活门，控制放气带关闭或打开。另一路经挡油活门去附件传动机匣的齿轮和前、中、后3个轴承进行润滑及散热，并通至滑油压力传感器，以便检查滑油压力是否符合规定。

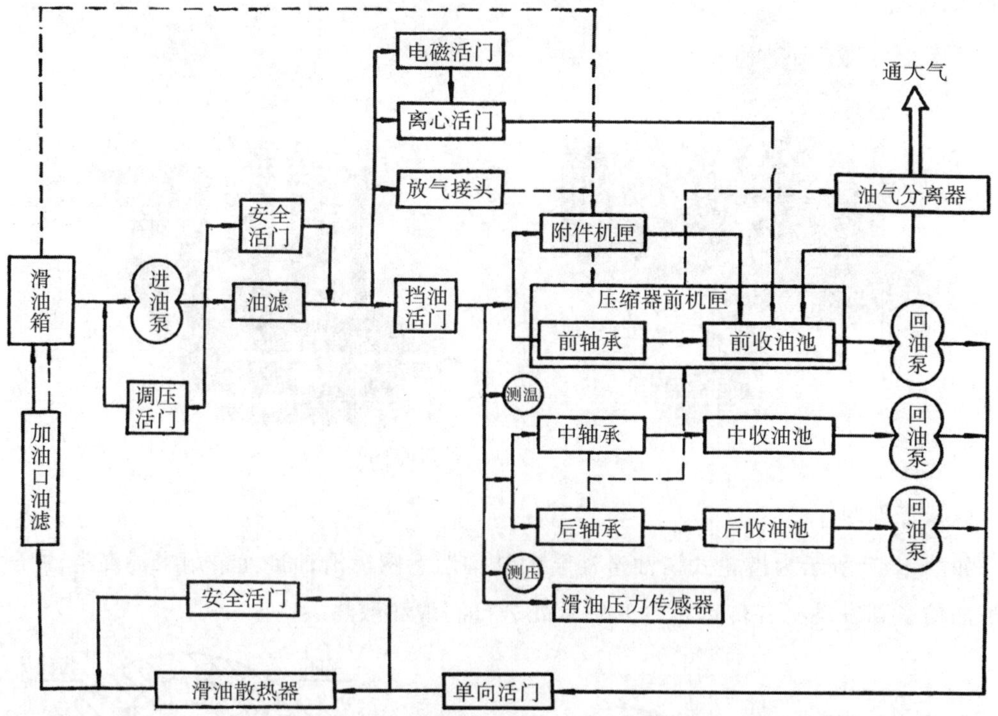


图1-45　滑油系统工作路线示意图

(2) 回油部分

经润滑后的滑油，分别流至前、中、后3个收油池内，然后由3个回油泵分别抽出，送至滑油散热器，经散热后流回滑油箱。

(3) 通气部分

发动机工作时，滑油由于喷嘴的喷射、飞溅和受热而汽化，同时，部分压缩空气还可能经挡油装置进入系统内，从而使前机匣、轴承机匣、附件传动机匣和滑油箱内，积聚大量滑油蒸气。滑油蒸气混入滑油内，会使润滑、散热效果变差，严重时还会引起系统气塞。另外，积聚的滑油蒸气越多，压力越大，会使滑油系统各机件结合处的密封性变差。因此，必须将这些滑油蒸气引出。轴承机匣内腔和滑油箱内的滑油蒸气，分别用导管引至前机匣和附件传动机匣内，然后由油气分离器将滑油蒸气中夹杂的油滴分离出来，流回收油池，将气体排至机外。

### 3. 滑油系统各附件的构造和工作原理

为了使供油部分的附件结构紧凑，减少导管，将进油泵、滑油滤、调压活门和挡油活门等装在一个壳体内，称为滑油附件，如图1-46所示。滑油附件固定在附件传动机匣前方的左边。

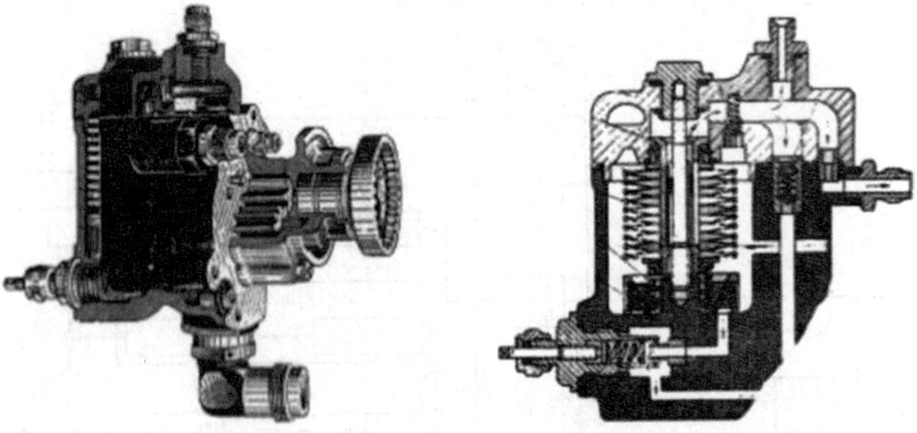

图 1-46　滑油附件示意图

(1) 进油泵

如图 1-47 所示为齿轮式滑油进油泵的结构示意图。滑油进油泵用来提高滑油压力，将滑油输送到发动机各传动机件的轴承处进行润滑和散热。

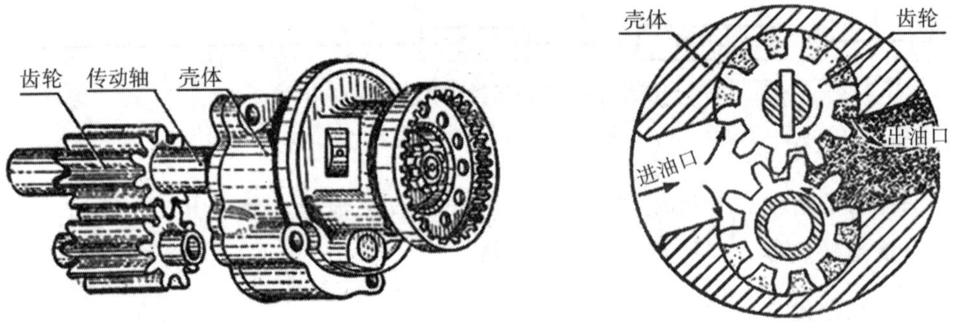


图 1-47　滑油进油泵结构示意图

一方面，发动机工作时，带动进油泵的齿轮旋转，在油泵进口处，由于齿轮的齿退出啮合，齿间容积变大，滑油被吸入。在油泵出口处，由于齿轮的齿进入啮合，齿间容积减小，将滑油挤出去，给滑油作用一推油力。另一方面，管道和油路上的油滤、单向活门、喷嘴等附件，要阻止滑油流动，对滑油作用一挡油力。在这两个力的作用下，滑油的压力得到提高。

为了保障系统有足够的滑油进行润滑和散热，当发动机在最大转速工作，滑油压力为 $0.392^{+0.0196}$ MPa 时，进油泵的打油量不应少于 23 L/min。

(2) 滑油滤

滑油滤用来过滤滑油，防止杂质进入滑油系统，造成机件磨损或油路堵塞。滑油滤由上盖、滤片、支架等组成，如图 1-48 所示。增压后的滑油从滤片外面进入，杂质留在滤片外面，清洁的滑油由支架中央向上流到上盖内，然后分成两路：一路顶开挡油活门，经出油孔到附件传动机匣和发动机转子各轴承处进行润滑和散热；另一路经出油接头，去离心活门和放气带电磁活门工作。在维护工作中，应定期清洗滑油滤，以免杂质将油滤堵塞。安装滑油滤时，应确保装好，否则，发动机工作时会漏滑油，漏油严重时会引起散热不良而损坏发动机。

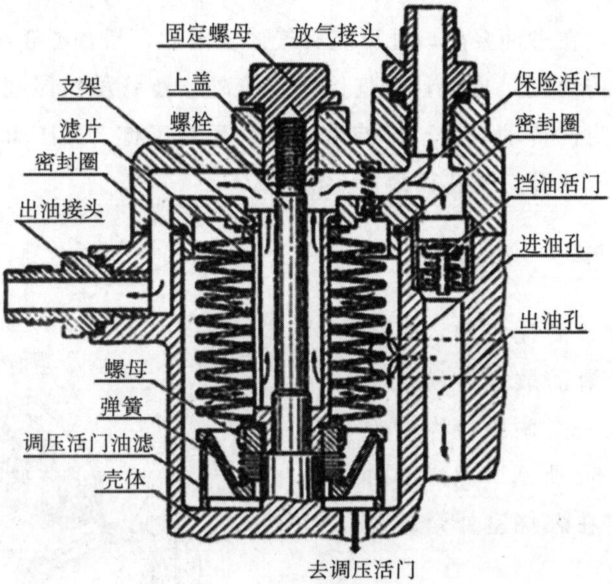


图 1-48　滑油滤结构示意图

(3) 调压活门

调压活门固定在进油泵出口的油道上，用来保持最大滑油压力不超过 $0.441_{-0.049}$ MPa，其结构如图 1-49 所示。

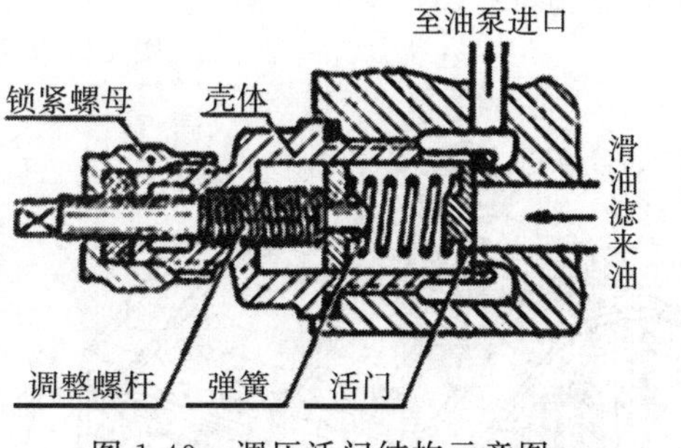


图 1-49　调压活门结构示意图

活门右边承受滑油压力，左边作用有弹簧力。当滑油压力超过规定值时，滑油压力大于弹簧力，活门打开，部分滑油经活门流回油泵进口，使滑油压力基本保持不变。

(4) 挡油活门

挡油活门安装在滑油滤的出口处。在发动机不工作时，挡油活门能够防止滑油箱内的滑油流到前、中、后收油池。只有在进油泵工作时，其出口油压达到 0.019 6～0.029 4 MPa，挡油活门才能打开，使滑油流入各附件进行润滑和散热。

(5) 放气接头

发动机工作时，在进油泵出口处可能有气体。因此，滑油滤盖子上装有放气接头，它通过弯管与附件传动机匣连通，将气体排至机外。弯管虽然能起通气作用，同时也会使大量滑油流入附件传动机匣，影响滑油系统正常工作。为了解决这个问题，在通气接头的下端有一限流嘴，其孔径为 0.8 mm。

## 4. 燃滑油附件

为了缩小尺寸，简化机构，以减轻重量，滑油箱、滑油散热器和燃油滤装在一起，组成一个附件，称为燃滑油附件，如图 1-50 所示。燃滑油附件用两条束带固定在燃烧室外壳的正上方。

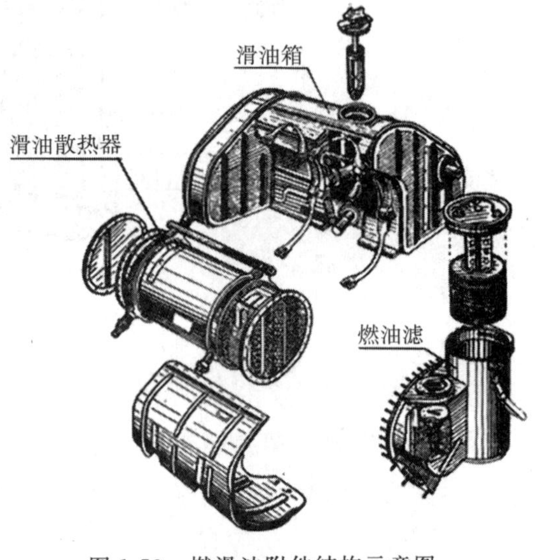

图 1-50 燃滑油附件结构示意图

(1) 滑油箱

滑油箱主要用于存储滑油。其上部有加油口，内有带量油尺的盖子，以便于检查滑油箱内的滑油量。在其外部有出油接头、放油接头和通气接头，如图 1-51 所示。

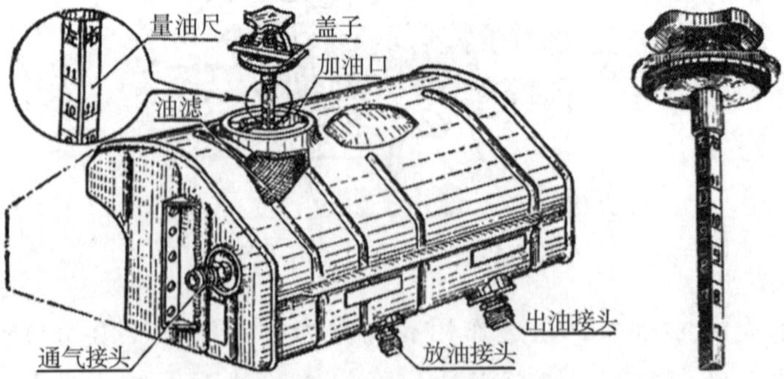

图 1-51 滑油箱结构示意图

滑油加油口内装有油滤，如图1-52所示。

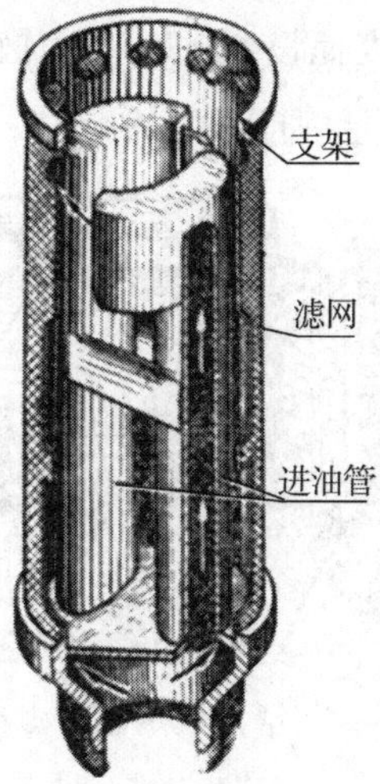


图1-52　加油口油滤结构示意图

油滤主要用来过滤从滑油散热器流回滑油箱的滑油，并能将混在滑油中的气体分离出来。从滑油散热器来的滑油，进入加油口油滤内的两根进油管，然后从切向喷口喷出，在油滤内腔旋转。滑油比重较大，产生的惯性离心力较大，被甩到滤网上，经过滤后流至油箱。气体比重较小，产生的惯性离心力也较小，故聚集在油滤中间，经过通气导管引到附件传动机匣内。

为了保证滑油箱在机动飞行状态下能正常地供油和通气，滑油箱内装有倒飞机构。倒飞机构由空心轴、衬筒、吸油管、通气管等组成，如图1-53所示。空心轴固定在油箱内，被隔板分成两段：左段通气，右段通油。带有吸油管和通气管的衬筒可以绕空心轴转动。由于吸油管上焊有配重，在特技飞行时，尽管油箱倾斜或倒置，一般都能使吸油管浸没在滑油中，从而通气管的进口露出油面，以保证滑油箱正常出油和通气。

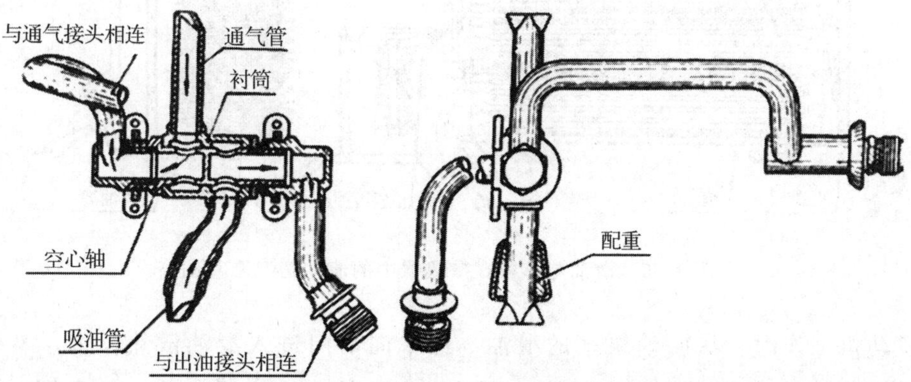


图1-53　倒飞机构结构示意图

(2) 滑油散热器

滑油散热器是为降低滑油温度而设置的，滑油散热器的结构如图 1-54 所示。

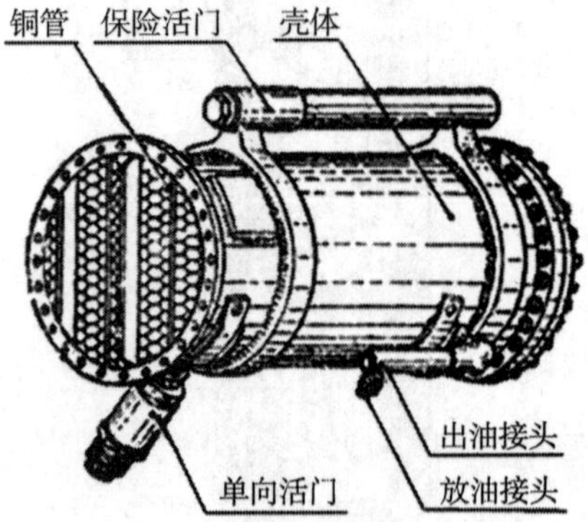


图 1-54　滑油散热器结构示意图

发动机工作时，滑油在润滑轴承和传动齿轮后，其温度较高。某工厂在大气温度为 33 ℃时，对长期试车的发动机进行测量，回油泵出口滑油的平均温度为 160 ℃左右。南方的盛夏，在地面测量后轴承处的滑油温度为 180 ℃以上，停车后达到 330 ℃左右。这样高温的滑油，如果继续使用则不能使轴承和齿轮得到很好的润滑和散热，必须用滑油散热器来降低滑油的温度。由于滑油散热器是利用燃料进行散热的，这样还可以提高燃料的温度，防止水分在燃油滤上结冰。

滑油与燃料在散热器中的流动情况如图 1-55 所示。

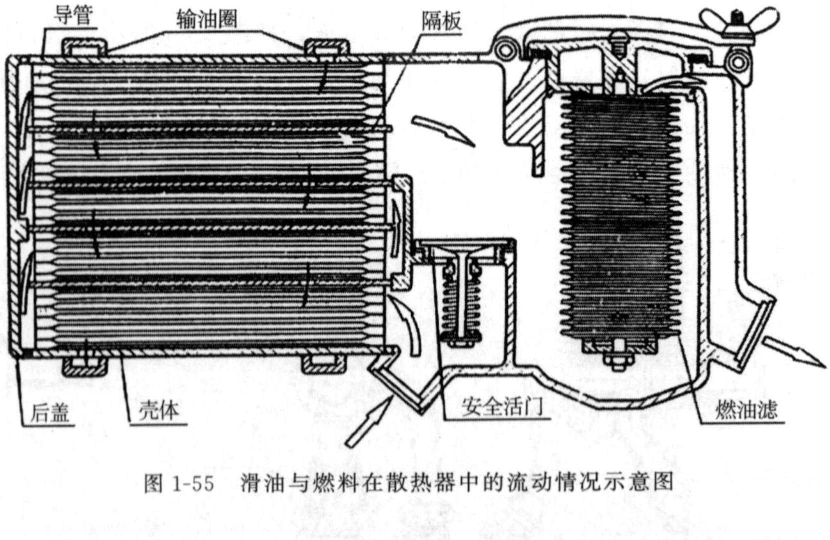


图 1-55　滑油与燃料在散热器中的流动情况示意图

发动机工作时，从回油泵来的滑油，经单向活门进入滑油散热器内，从铜管与铜管的间隙流过，将热量传给铜管，然后经出油接头流入滑油箱。与此同时，燃料从铜管的里面流过，将滑油散出的热量带走，使滑油温度降低。由于隔板的作用，燃料和滑油的流动路线增长，它们之间热交换的时间也增长，从而提高了滑油散热的效果。

为了防止滑油散热器内的流动阻力过大（如滑油温度过低时）而影响回油量，在散热器的进出口之间设有安全活门。当进出口滑油的压力差大于0.0981 MPa时，安全活门便被顶开，部分滑油不经散热器直接回到油箱。

(3) 滑油喷嘴

滑油喷嘴共有3个，分别固定在前、中、后轴承的旁边，将滑油均匀地喷射到各轴承上，以提高润滑和散热效果。前、中、后轴承的滑油喷嘴结构如图1-56所示。从图中可以看出，后轴承的滑油喷嘴与中轴承的滑油喷嘴构造基本相同，但在后轴承滑油喷嘴的喷口侧面还有一个喷孔，它将滑油喷到涡轮轴上，对涡轮轴散热。

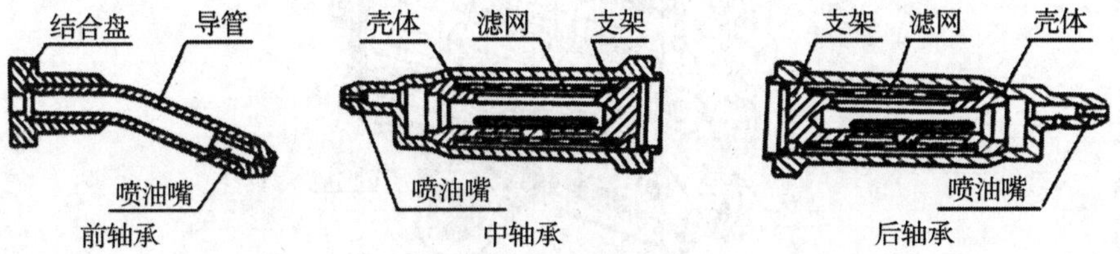


图1-56 滑油喷嘴结构示意图

(4) 油气分离器

油气分离器也叫作离心通风器（安装在中央传动机构的左后方），用来分离前机匣内滑油和空气形成的混合气，以免滑油随空气从通气管排至机外。

油气分离器的结构如图1-57所示。壳体的上面有一个进气孔，下面有3个漏油孔。叶轮装在壳内，由中心传动机构带动旋转。叶轮轴是空心的。发动机工作时，前机匣内的滑油和空气形成的混合气被吸入油气分离器，随叶轮一起旋转。滑油的比重较大，惯性离心力也较大，被甩到壳体的内壁上，从漏油孔流到前机匣下部。空气的比重较小，惯性离心力也较小，聚集在叶轮的中间，从叶轮轴中间通至机外。

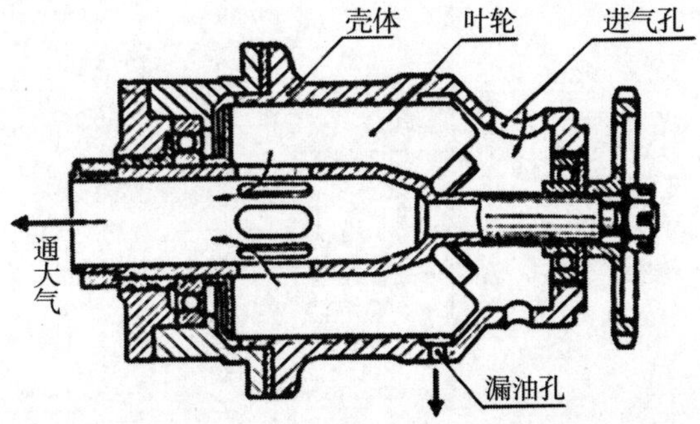


图1-57 油气分离器结构示意图

(5) 滑油回油泵

滑油回油泵的结构如图 1-58 所示。滑油回油泵也是齿轮式油泵，固定在中央传动机构的右后方。滑油回油泵的壳体内装有 3 对齿轮，分别将前、中、后收油池的滑油抽回，并送到滑油散热器。为了防止回油泵在开始工作时产生气塞现象，将增压后的滑油引入回油泵的出口，使滑油充满齿轮与壳体的间隙，增大回油泵的抽油能力，以便迅速将管路内的气体排掉。由于工作后的滑油中含有滑油蒸气，故回油泵的抽油量应大于进油泵的打油量。发动机在最大转速工作，回油路的反压力为 $0.049^{+0.0294}$ MPa 时，每个回油泵的抽油量都不应少于 30 L/min。

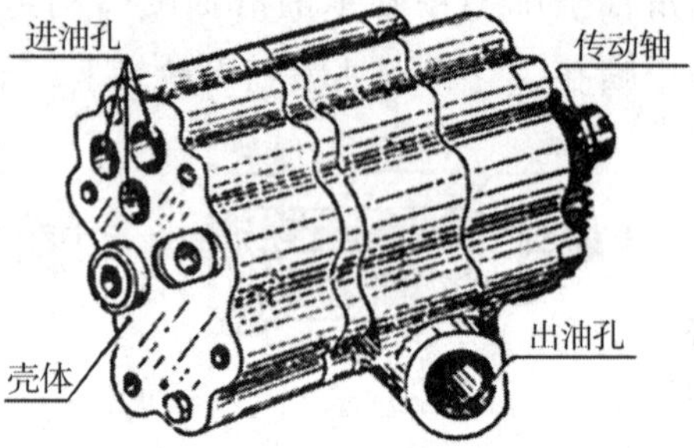


图 1-58　滑油回油泵的结构示意图

发动机在小转速工作时，回油泵的抽油能力较弱。这是因为滑油箱的位置比较高，中、后收油池离油泵又比较远，回油泵抽油比较困难。在小转速时，回油泵转速也较小，抽油能力下降很多，所以发动机在起动或冷开车时，抽油量比进油泵的供油量要小。如果发动机连续起动多次（或冷开车多次）不成功，就会使滑油箱内的油量减少过多，以致不能保证滑油系统可靠地工作。规定在发动机连续 5 次冷开车或起动不成功后，应检查滑油箱的油量，如果滑油量减少 2 L 以上，必须打开放油开关，将这部分滑油从前机匣下部的收油池内放出，并向滑油箱加入等量清洁的滑油，然后才能再次冷开车或起动。

# 任务5　发动机主燃料系统构造认知和工作原理分析

## 1. 主燃料系统

发动机的主燃料系统是保证发动机正常工作的重要工作系统，它能根据飞行条件和发动机工作状态的变化，自动调节供给发动机燃烧室所需要的燃料，以保证发动机安全可靠地工作，并充分发挥其性能。主燃料系统的结构如图 1-59 所示。

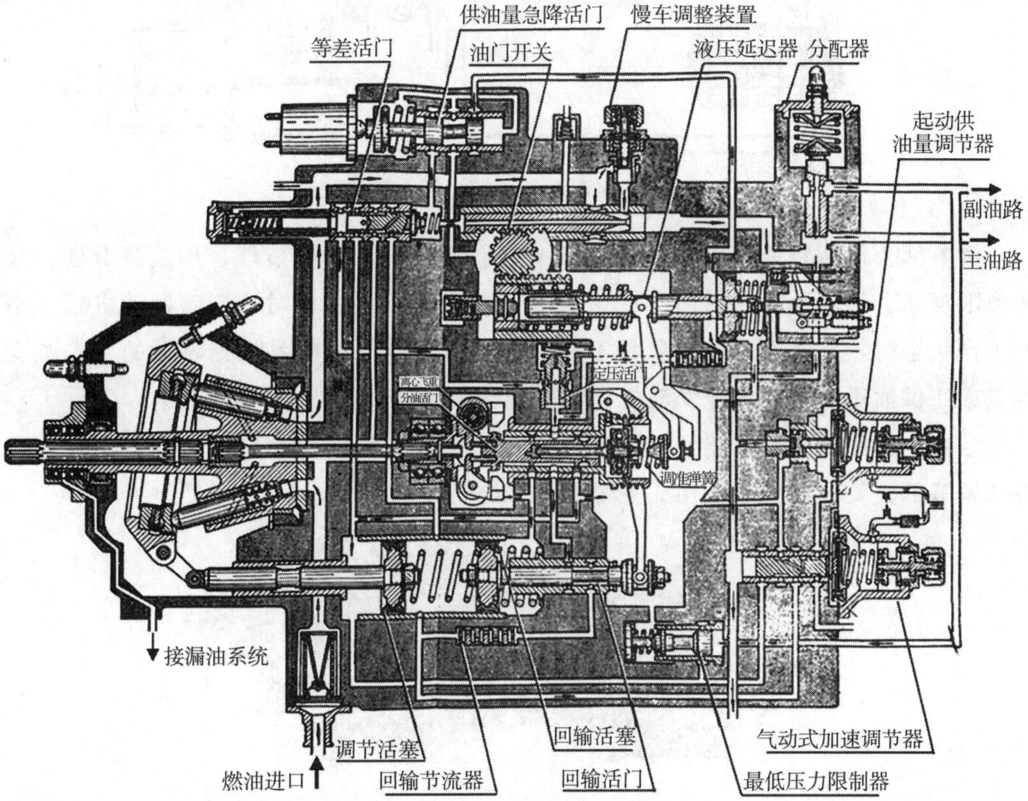


图 1-59　主燃料系统的结构示意图

### 1）主燃料系统的组成

主燃料系统由中介油泵、燃油滤、主燃料泵、输油圈、工作喷嘴等组成。主燃料泵包括主柱塞泵、分配器、放气活门和一些调节器。

按附件的功能不同，主燃料系统又分为供油和调节两大部分。

供油部分包括中介油泵、燃油滤、主柱塞泵、分配器、主输油圈、副输油圈、工作喷嘴等，如图 1-60 所示。在各种工作状态下，供油部分供给发动机所需要的燃料，并将燃料呈雾状喷入燃烧室。

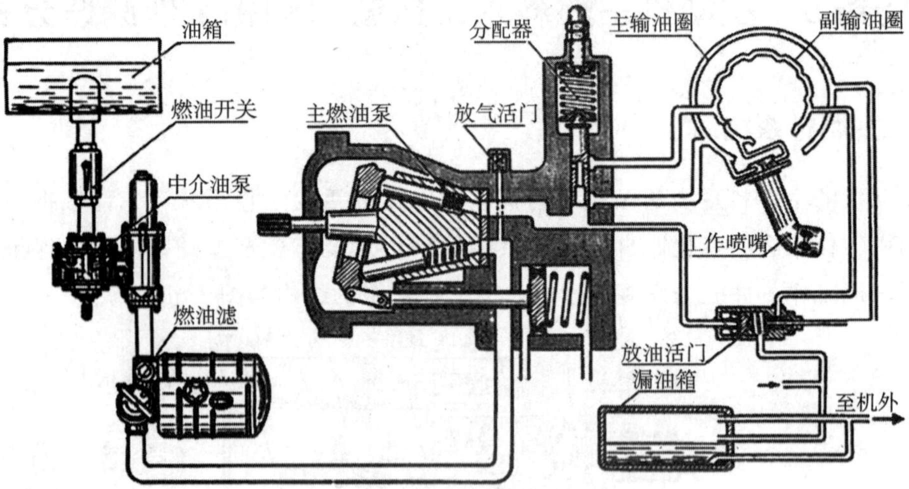


图 1-60　主燃料系统的供油部分结构示意图

调节部分包括转速调节器、流量调节器、起动供油量调节器、加速调节器、最低压力限制器、供油量急降活门等调节装置。在大气条件变化时，或者发动机处于不同的工作状态时，发动机的需油量是不同的，调节器的作用就是根据不同的要求改变供油量或使供油量不变，保证发动机工作安全和发挥其性能。

为缩小体积、减轻重量、减少管路、便于维护，将柱塞泵、油门开关、燃油分配器和调节部分安装在一起，构成主燃油泵，如图 1-61 所示。

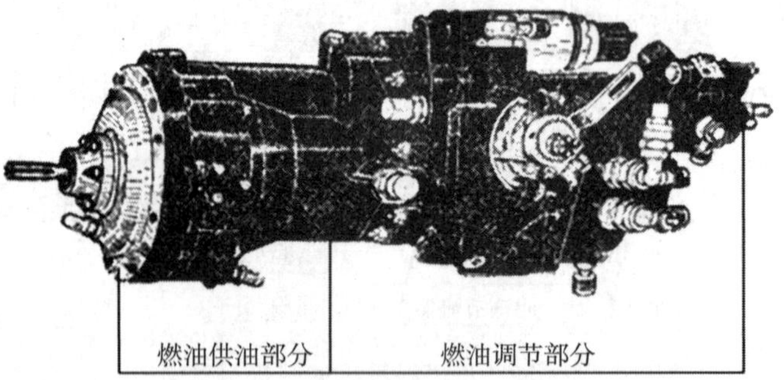


图 1-61　主燃油泵结构示意图

### 2）主燃料系统的供油部分

#### (1) 中介油泵

中介油泵由油泵和定压活门两部分组成，如图 1-62 所示。中介油泵安装在附件传动机匣的右前方。中介油泵是利用离心增压原理来提高燃料压力的。发动机工作时，螺旋桨和叶轮旋转，燃料由螺旋桨打入叶轮，并由叶轮带着旋转。燃料在惯性离心力作用下，甩向四周，经管道向后流动。当燃料流过管道和附件时，受到阻力，燃料在惯性离心力和管道阻力的前推和后阻的作用下，压力提高。

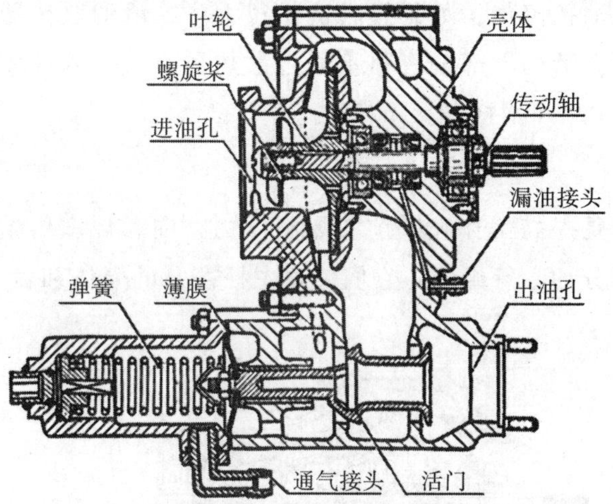


图 1-62　中介油泵结构示意图

(2) 燃油滤

燃油滤的功能是过滤燃料中的杂质。燃油滤由壳体、上盖、滤片、安全活门等组成，如图 1-63 所示。上盖与壳体结合处有个橡皮密封圈，上面的用来防止燃料外漏，下面的可防止未过滤的燃料流至出口。上盖上有放气螺塞，发动机起动后可将此螺塞拧松 2～3 圈进行放气。油滤由镍质网状滤片和支架组成。滤片不应有损伤，如有损伤应补好或更换。滤片安装紧度应以滤片用手不能转动为宜，并保证油滤高度为 161±1 mm。

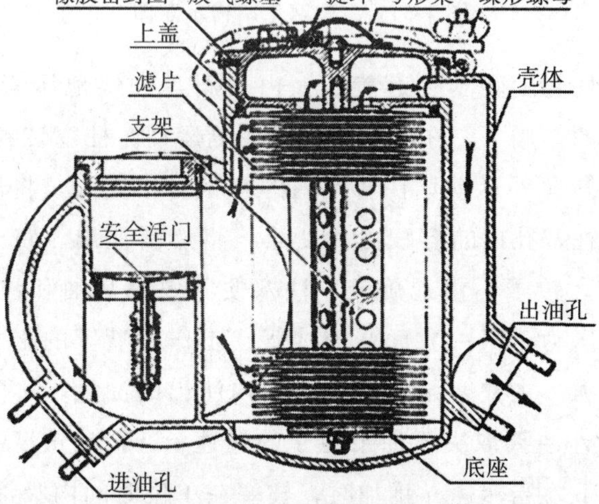


图 1-63　燃油滤结构示意图

发动机工作时，从中介油泵来的燃料进入壳体后，先由散热器对滑油进行散热，然后流到油滤周围，经过滤后，杂质留在滤片外面，燃料进入油滤中央，再经盖子和壳体上的油路，由出油孔流出。如果燃料流量很大，或滑油散热器内的燃料通道阻力过大，燃料便顶开安全活门，部分燃料不经过散热器直接流入油滤。安全活门应在油压差为 0.006 86 MPa 时开始打开。

(3) 主柱塞泵

主柱塞泵的功能是提高工作喷嘴前的燃料压力，向燃烧室供给燃料。主柱塞泵由转子、柱塞、斜盘和分油盘等组成，它们装在主柱塞泵的壳体和盖子构成的转子室内，如图 1-64 所示。

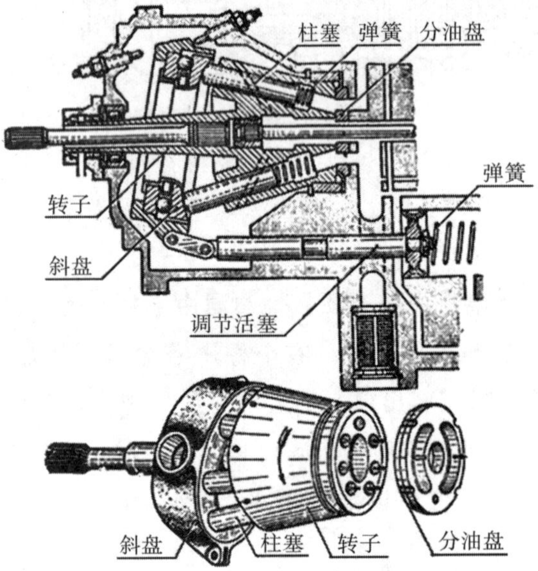


图 1-64　主柱塞泵结构示意图

发动机工作时，柱塞随转子一起旋转。由于斜盘倾斜地压着柱塞，转子旋转时，柱塞在斜盘和弹簧力的作用下，在柱塞孔内做往复运动。柱塞转到分油盘的进油槽时，在弹簧力的作用下逐渐向外运动，柱塞孔内的容积由小变大，将燃料吸入。柱塞转到分油盘的出油槽时，柱塞孔内的容积由大变小，将燃料注出。转子旋转一周，每个柱塞吸油、注油各一次。转子不停地旋转，柱塞便不停地吸油和注油。燃料被注出时，一方面受到柱塞的挤压力，另一方面受到油管、工作喷嘴等的阻力，在这两种力的相互作用下，提高了压力。主柱塞泵在单位时间内注出的油量，称为主柱塞泵的供油量 $G_{燃供}$ (L/h)。它的大小主要取决于油泵转子的转速 $n$、斜盘角度 $\theta$ 和供油损失。在斜盘角度 $\theta$ 一定的条件下，当转速 $n$ 增加时，柱塞在单位时间内吸油、注油的次数增加，故供油量增加；反之，供油量减少。油泵的供油量与转速成正比变化，如图 1-65 所示。

在转速一定的条件下，当斜盘角度增大时，柱塞往复运动的行程增长，柱塞每次吸入、注出的油量增多，故供油量增加；斜盘角度为零时，柱塞的行程为零，供油量也为零。在不同的斜盘角度下，柱塞泵供油量随转速的变化如图1-66所示。

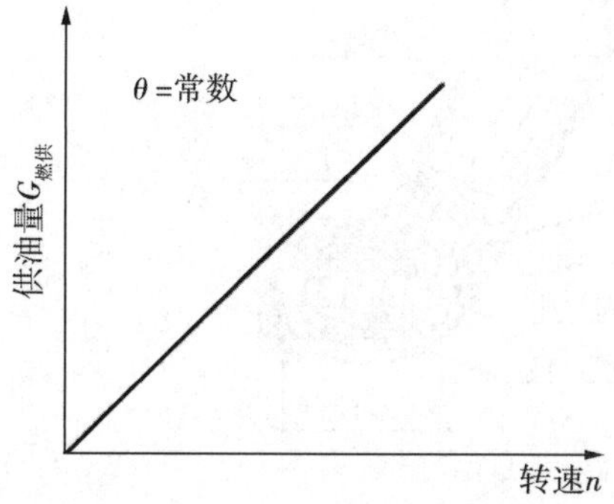


图1-65　柱塞泵供油量随转速变化曲线

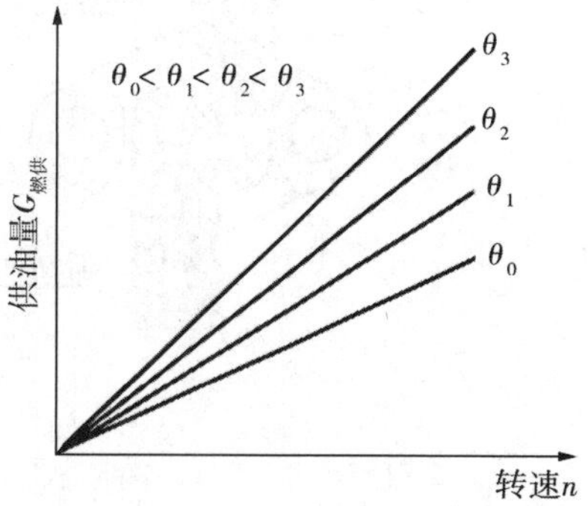


图1-66　斜盘角度不同时柱塞泵的供油曲线

(4) 输油圈

输油圈由主输油圈和副输油圈组成，如图1-67所示。输油圈是连接油泵和工作喷嘴的部件。主、副输油圈的下部各有一个接头通放油活门（主输油圈的接头还通加力预燃装置的汽化器）。发动机停车时，可将余油放入漏油箱。

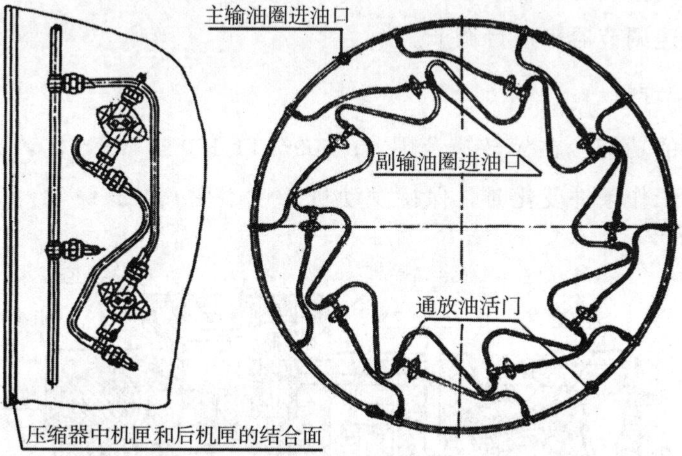


图1-67　输油圈结构示意图

(5) 工作喷嘴

工作喷嘴的功能是将高压燃料呈雾状喷入燃烧室，以便燃料与空气混合燃烧。工作喷嘴是双油道离心式喷嘴，其构造如图1-68所示。发动机工作时，一路燃料从副油道经分油套周围的油槽到副旋流器内，产生旋转运动，然后从喷孔喷出；另一路燃料从主油道经分油套内的中心孔到主旋流器的周围，再经切向孔进入主旋流器内，产生旋转运动，从喷孔喷入副旋流器内，并与副油道的燃料一起旋转，然后从副旋流器的喷孔喷出。工作喷嘴的优点是在主油道开始打开供油时，能保证主油道喷出的燃料雾化良好。

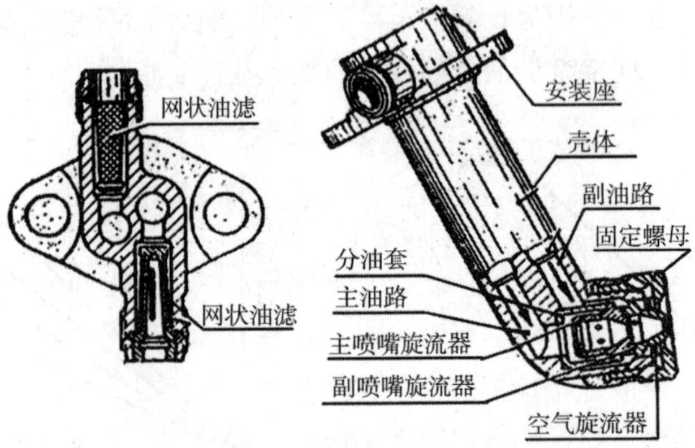


图 1-68　工作喷嘴结构示意图

### 3）主燃料系统的调节部分

发动机的工作条件变化时，为了能够自动调节主燃料系统的供油量，在大转速范围内（9 500$_{-200}$ r/min 以上）采用转速调节器来进行调节，在小转速范围内（9 500$_{-200}$ r/min 以下）采用流量调节器来进行调节，在高空慢车状态采用最低压力限制器进行调节。在发动机处于过渡工作状态（起动或加速状态）时，主燃料系统的供油量分别由起动供油量调节器和加速调节器来进行调节。

#### (1) 转速调节器

转速调节器的功能：在大转速范围（9 500～11 150 r/min）内，当油门手柄位置一定，发动机的工作条件变化时，保持发动机转速不变。在操纵油门手柄时，改变发动机转速。

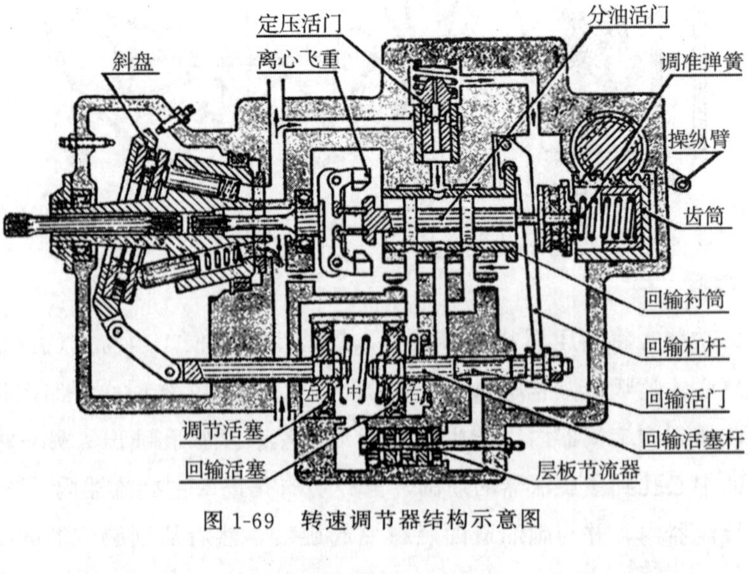


图 1-69　转速调节器结构示意图

转速调节器的结构如图1-69所示。其中，操纵臂与飞机上的油门手柄相连。

离心飞重用来感受发动机转速的变化。离心飞重由传动轴和飞重等组成，如图1-70所示。传动轴由主柱塞泵的转子带动旋转，通过飞重座带动飞重旋转，发动机转速变化时，飞重给分油活门的作用力随着发生变化，使分油活门产生位移。

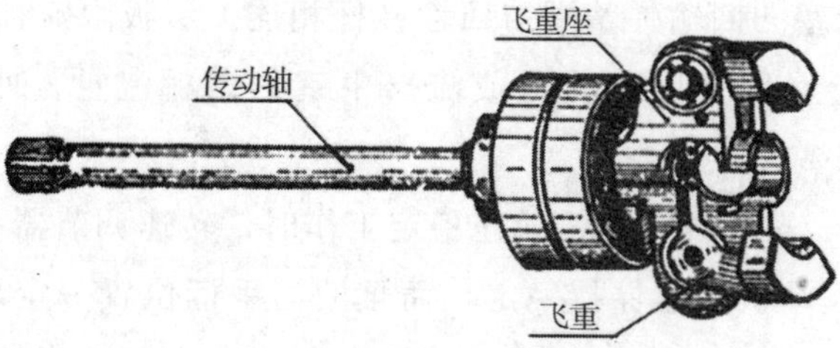

图1-70 离心飞重结构示意图

分油活门用来控制通往调节活塞左边（左室）和回输活塞右边（右室）的油道，其组成如图1-71所示。

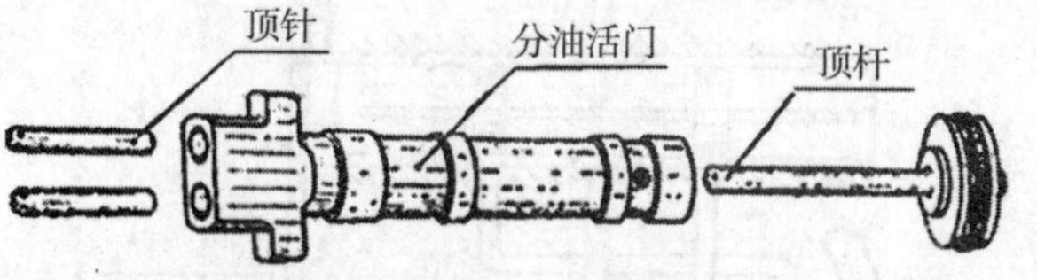

图1-71 分油活门结构示意图

分油活门左端卡在飞重座内，随同离心飞重一起旋转，并通过顶针与飞重相接触，承受飞重的作用力。右端插有顶杆，承受调准弹簧的作用力。在上述两种力的作用下，分油活门能沿轴线向左或向右移动。

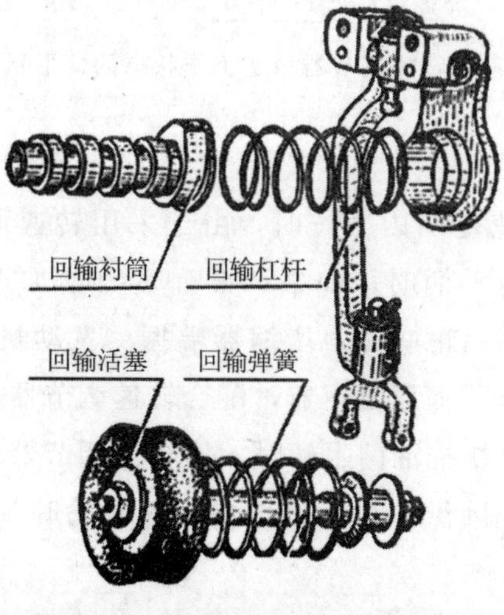

图1-72 回输装置结构示意图

回输装置用来提高调节器的调节质量，它的组成如图 1-72 所示。回输衬筒的中部有 3 排孔，分别通定压活门、调节器的左室和右室，回输衬筒的右端与回输杠杆连接，右边的弹簧用来消除连接处的间隙。回输活塞的右边装有回输弹簧。在活塞杆的中部有一环形凹槽（即图 1-69 中的回输活门），用来控制通往调节活塞和回输活塞之间的中室的油道。右回输活塞的回输弹簧端与回输杠杆相连。层板限流器（或称回输节流器）装在通中室的油道上，用来限制流进或流出中室的燃料流量。回输节流器的流量为 100～200 mL/min。

发动机在 9 500 r/min 以上某一转速稳定工作时，转速调节器各零件所处的位置如图 1-73 所示。因为发动机转速保持一定，而且油门手柄位置一定，所以作用在分油活门两端的力量相等，分油活门不能轴向移动。分油活门和回输衬筒都稳定在中立位置，关闭通往左室和右室的油道。回输活门也停在中立位置，关闭通往中室的油道。因而调节活塞不动，斜盘角度一定。这时，油泵的供油量等于发动机的需油量。

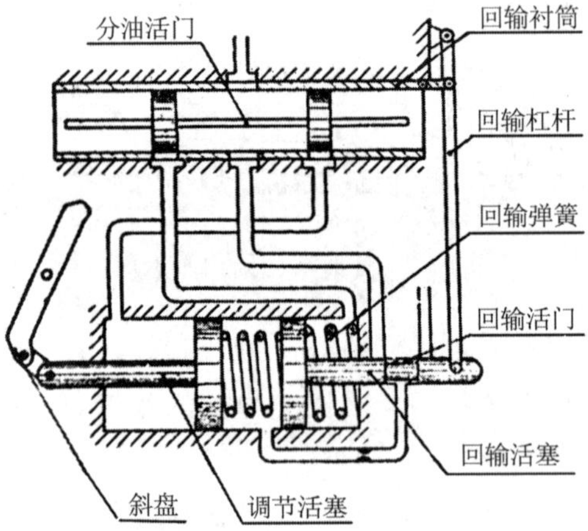


图 1-73　转速调节器稳定工作状态的情形示意图

（2）液压延迟器

涡喷-6 发动机在大转速范围内工作时，由于采用转速调节器，较好地实现了灵、稳、准。但是，在快推油门手柄时，如果调准弹簧力增加得过快，供油量随之激增，又会引起新的问题，如烧坏涡轮叶片、压缩器喘振、发动机富油熄火等。为了解决这些问题，涡喷-6 发动机设置了液压延迟器，配合转速调节器进行工作。

液压延迟器的功能：在快推油门手柄时，使转速调节器的调准弹簧力缓慢地增大，保证供油量逐渐增加，避免因供油量急剧增加引起涡轮叶片损坏、压缩器喘振或发动机富油熄火停车。

液压延迟器的结构如图 1-74 所示。杠杆的下端通过调准弹簧座与转速调节器相连。

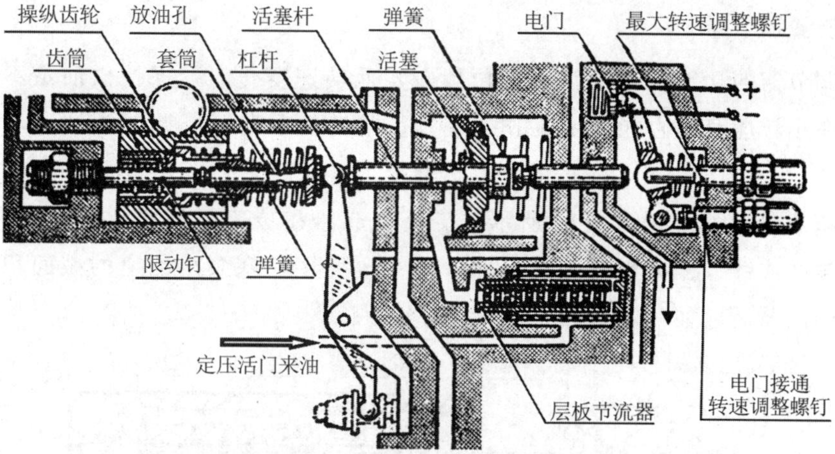


图1-74 液压延迟器的结构示意图

延迟活塞用来带动杠杆改变转速调节器的调准弹簧力。延迟活塞的左边与层板节流器后的油道相通，为高压油室；右边与油泵进口相通，为低压油室，并装有弹簧。延迟活塞杆上有进油孔和放油孔，分别与高压油室和低压油室相通。套筒在延迟活塞杆上，用来控制延迟活塞杆上放油孔的开度，能在油门手柄操纵下和弹簧力作用下左右移动。层板节流器用来限制去高压油室的油液流量。

从慢车位置往自始转速位置推油门手柄时，起初由于套筒和放油孔之间有一段距离，套筒不能盖住活塞杆上的放油孔，定压活门后的燃料经层板节流器流入活塞左室并进入活塞杆内部，从放油孔到低压腔，活塞在弹簧力的作用下停在左限动位置，活塞杆的左端紧靠在限动钉上，液压延迟器不工作。在套筒开始关小放油孔时，由于弹簧力较大，左室油压虽然增加，但是仍然不能使活塞向右移动，液压延迟器仍不工作，转速调节器调准弹簧的预紧力不变。

当油门手柄停在自始转速位置时，为了使液压延迟器处于平衡工作状态，套筒应部分盖住放油孔，使左室油压力增大到与弹簧力和右室油压力的合力相平衡，发动机转速等于自始转速。

从自始转速位置推油门手柄时，套筒向右移动，将活塞杆上的放油孔盖住，使活塞左室停止放油，活塞在油压力作用下向右移动。由于层板节流器限制了活塞左室的进油量，活塞向右移动的速度受到限制，因而它带动杠杆逐渐增大转速调节器的调准弹簧力，保证供油量缓慢地增加。在油门手柄推到需要位置后，当活塞杆上的放油孔部分外露，使活塞左室油压力减小到与弹簧力和右室油压力的合力相平衡时，活塞停止移动，发动机转速增加到需要的转速。油门手柄的位置越靠前，液压延迟器稳定状态时的放油孔开度越小，液压延迟器活塞越靠右，发动机转速越大。

(3) 流量调节器

流量调节器的功能：当油门手柄位置一定而转速变化时，保持供油量不变，以保证发动机在小转速范围内能稳定工作。在推、收油门手柄时，调节供油量，以改变发动机转速。

流量调节器的结构如图 1-75 所示。流量调节器和转速调节器共用一个调节活塞。油门开关包括油针、操纵齿轮和操纵臂，用来改变主柱塞泵出油道的截面积。由于流动损失，油门前后存在一定的油压差。

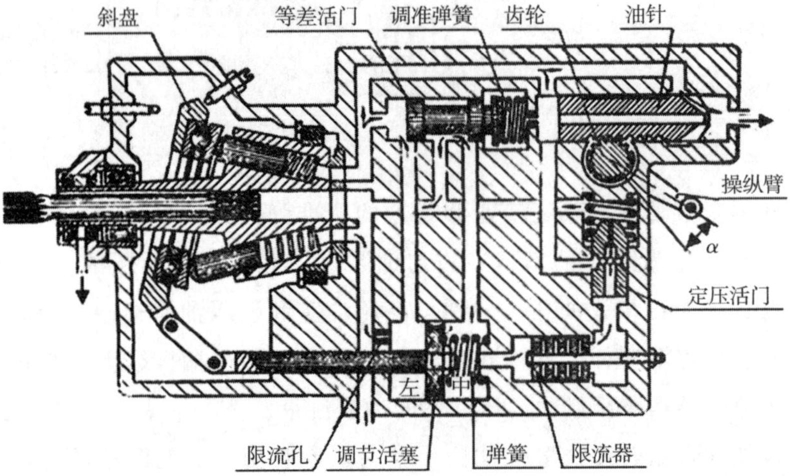

图 1-75　流量调节器结构示意图

等差活门的结构如图 1-76 所示。由于活门左端与油门开关前面相通，活门右端与油门开关后面相通，等差活门两端的油压差等于油门开关前后的油压差。等差活门上左边的凸边用来控制主柱塞泵出口燃油流向调节活塞左室的油孔开度，右边的凸边用来控制调节活塞中室燃油流向油泵进口（低压腔）的油孔开度。调节器工作时，等差活门用来保持油门开关前后油压差基本不变（0.981±0.098 MPa）。

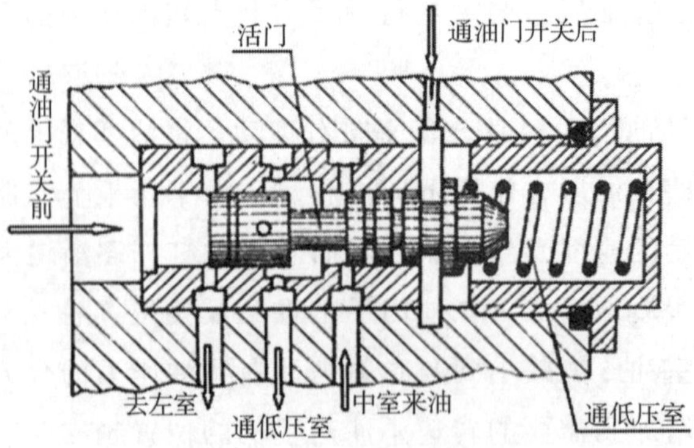

图 1-76　等差活门结构示意图

# 任务6　加力燃料系统的结构认知和工作原理分析

## 1. 加力燃料系统的组成

加力燃料系统的功能：在发动机加力时，供给和调节去加力燃烧室的油量。加力燃料系统由供油和调节两大部分组成。

加力燃料泵工作原理示意图如图1-77所示。

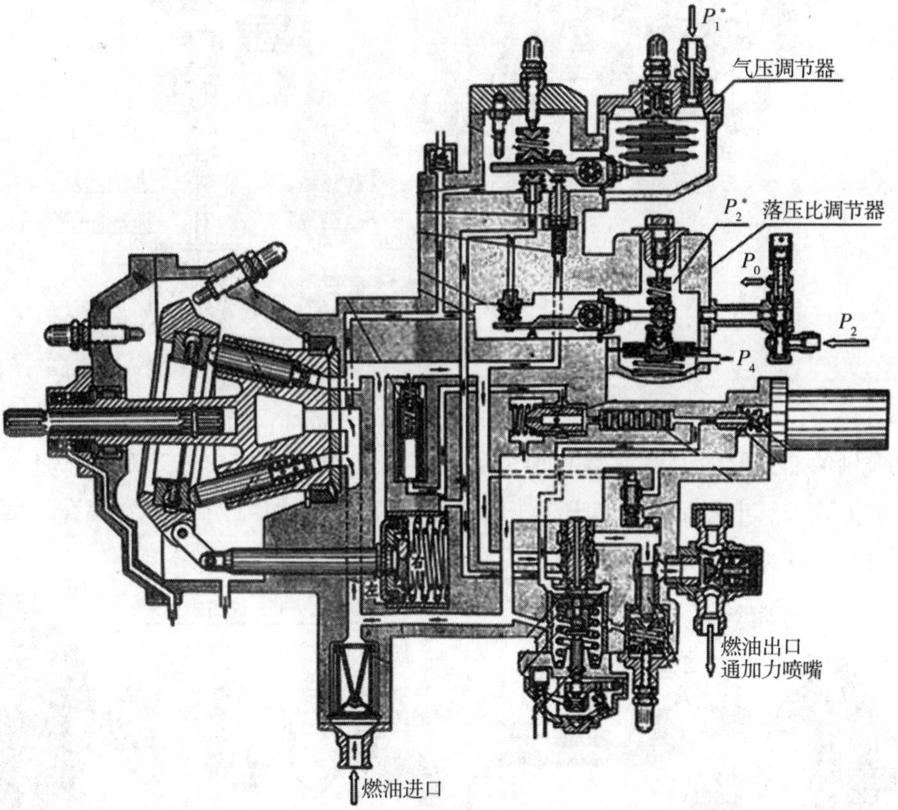


图1-77　加力燃料泵工作原理示意图（加力油针在开的位置）

发动机的复燃加力，是在主燃料系统的转速调节器保持转速为最大允许值（相应的涡轮前燃气温度接近最大允许值）的前提下，通过加力燃料系统供给和调节去加力燃烧室的油量，提高喷管前燃气温度并保持为最大允许值，增大喷气速度，从而增大发动机的推力。

### 1) 加力供油部分

(1) 加力供油部分的组成

加力供油部分由加力柱塞泵、加力开关、电磁活门、卸压活门、挡油活门、加力输油圈、加力喷嘴等组成，如图 1-78 所示。

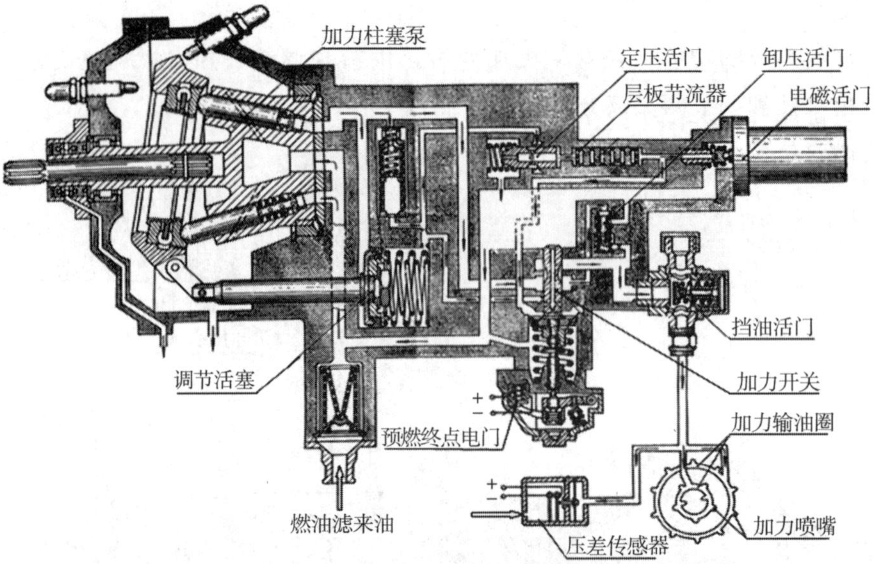


图 1-78　加力供油部分结构示意图

加力供油部分的加力输油圈和加力喷嘴装在加力燃烧室内，其余的附件（加力柱塞泵、加力开关、电磁活门、卸压活门和挡油活门）和加力调节部分装在一起，称为加力燃料泵。加力燃料泵固定在附件传动机匣的左后方。

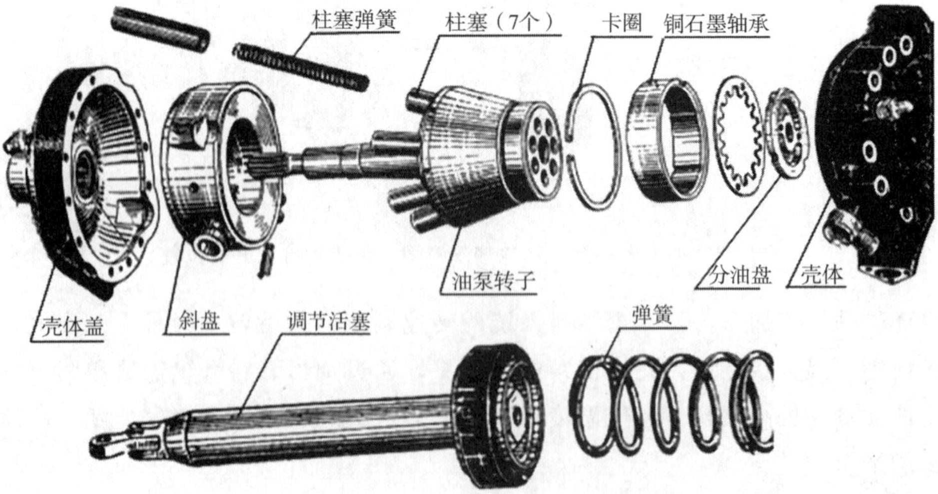


图 1-79　加力柱塞泵结构示意图

加力柱塞泵的功能：提高加力喷嘴前的燃料压力，并向加力燃烧室供给燃料。

加力柱塞泵由壳体、分油盘、油泵转子、柱塞、弹簧、斜盘、调节活塞等组成，如1-79所示。

(2) 加力供油部分的工作情形

加力供油部分通过电磁活门控制加力开关工作，以操纵发动机进入或退出加力状态。

① 不加力时加力供油部分的工作情形

发动机不加力时，电磁活门不通电，该活门在弹簧力作用下处于打开位置，从定压活门、层板节流器来的油，经电磁活门回低压腔，并使加力开关活塞上面的油也经电磁活门回低压腔。这时，加力开关油针处在关闭位置，切断加力柱塞泵去加力喷嘴的油路，保证发动机不能进入加力状态。

在不加力时，调节活塞右室通过加力开关油针下部的窄环形槽、4个小孔、中心孔与低压腔相通，油压很小，调节活塞在左右室油压差的作用下停在最右位置，斜盘角度最小。由于加力柱塞泵的转子仍在不断地高速旋转，此时柱塞泵注出的油（250～280 L/h），顶开卸压活门（$1.471^{+0.196}_{-0.0981}$ MPa时打开），经低压腔回到加力柱塞泵的进口，对油泵内部各零件进行散热和润滑。

卸压活门能够保持油泵出口油压为$1.471^{+0.196}_{-0.0981}$ MPa，保证了调节活塞两边有足够的油压差，使调节活塞能可靠地停在最右位置。在接通加力时，由于油泵出口有一定油压，能使加力开关迅速打开供油。

发动机不加力时，加力开关油针后通过油针上的两条缺槽与低压腔相通，故挡油活门处于关闭位置。

② 加力时加力供油部分的工作情形

发动机加力时，将油门手柄推到最前面的止动位置，按下加力按钮，通过发动机状态操纵电路工作，使预燃装置喷油点火，在预燃室内形成火源。同时，使加力供油部分的电磁活门工作。这时，电磁活门的活动铁芯推动顶针，将活门关闭，从定压活门、层板节流器来的油，流入加力开关活塞上面，使活塞上面的油压增大，活塞在上下油压差的作用下逐渐下移，油针上的宽环形槽沟通了加力柱塞泵出口至加力喷嘴的油道，加力柱塞泵打出的燃料经加力开关油针、流量活门（活门上端油压达$1.77\pm0.392$ MPa时打开）、挡油活门（活门前油压达0.392 MPa时打开）流至加力喷嘴，喷入加力燃烧室。在油针下移的同时，油针下部的环形槽与衬筒上的回油孔错开，关闭调节活塞右室的回油路。这时，限流孔前后油压差减小，调节活塞两边的油压差也减小，调节活塞在右室弹簧力的作用下向左移动，增大斜盘角度，使供油量迅速增加。

按下加力按钮后8.5～14 s，加力开关油针接近完全打开时，带动顶杆顶开摇臂，断开预燃终点电门，使预燃装置停止喷油点火。同时，油针开度较大，开关前后油压差很小，卸压活门在弹簧力的作用下关闭，保证油泵打出的燃料全部供给加力燃烧室。

③ 退出加力时加力供油部分的工作情形

发动机退出加力时，将油门手柄收到 10 400 r/min 以下的位置，使发动机状态操纵电路断开加力电路。这时，电磁活门断电，活门在弹簧力的作用下打开，从定压活门、层板节流器来的压力油，经电磁活门回到低压腔，使加力开关活塞上面的油压减小，加力开关活塞在弹簧力的作用下，带动油针向上移动到关闭位置，关断加力柱塞泵去加力喷嘴的油路，使发动机退出加力。在关闭出油道的同时，油针下部环形槽接通调节活塞右室到低压腔的油路，使右室油压降低，斜盘角度减小到最小。与此同时，油针上部的两条缺槽沟通油针后至低压腔的油路，使卸压活门弹簧室通低压腔。

当加力开关油针上移关小出油路时，由于调节活塞右室通低压腔的油路未完全打开，油泵供油量仍然很大，因此油泵出口油压会急剧上升，加力开关前后油压差也迅速增大，这时，卸压活门打开，油泵打出的油经卸压活门回低压腔，使油泵出口油压不致过高。

2）加力调节部分

加力调节部分的附件有加力调节器（又称落压比调节器）、气压调节器和流量活门。这些附件配合工作，自动调节加力工作状态和接通加力过程中供给加力燃烧室的油量，保证发动机既能产生最大推力又安全可靠地工作。

（1）加力调节器

加力调节器由薄膜、杠杆、调准弹簧、活门、节气针等组成，除了节气针装在通压缩器的管路上外，其余部分都装配在一起，如图 1-80 所示。

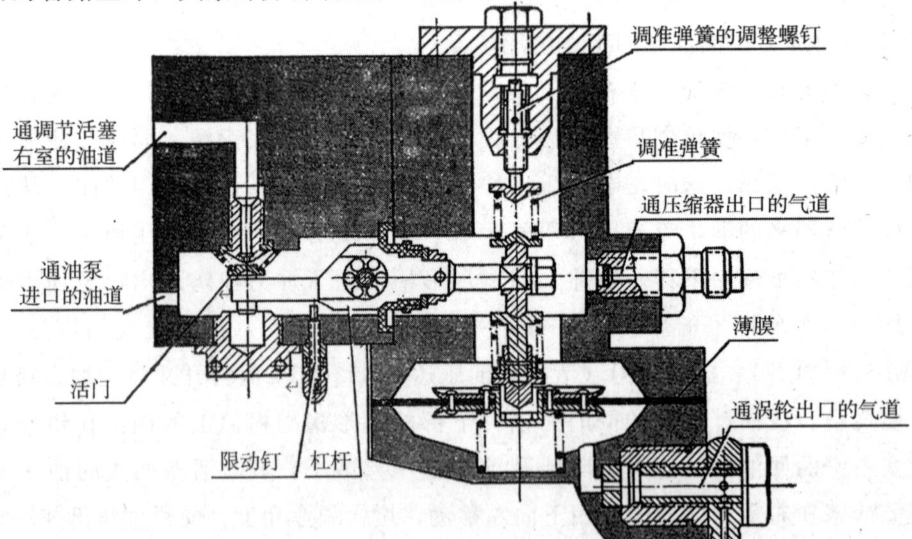


图 1-80　加力调节器结构示意图

加力调节器工作时，通过薄膜感受气压差的变化，改变回油活门的开度，控制调节活塞的位置，调节供油量。

发动机在加力状态稳定工作时，薄膜上下气压差一定，作用在杠杆上的力矩一定，回油活门开度、调节活塞位置和斜盘角度都一定，加力供油量也一定。

当工作条件变化，引起作用在薄膜上的气压差增大时，薄膜下移，回油活门关小，调节活塞右室油压增大，调节活塞左移，斜盘角度增大，供油量增大；反之，供油量减少。

(2) 气压调节器

气压调节器的结构如图1-81所示。气压调节器由膜盒、杠杆、活门、调准弹簧、传压器等组成，其中，传压器包括顶杆、垫圈、垫块和橡皮隔圈等零件。气压调节器和加力调节器的壳体铸造在一起。

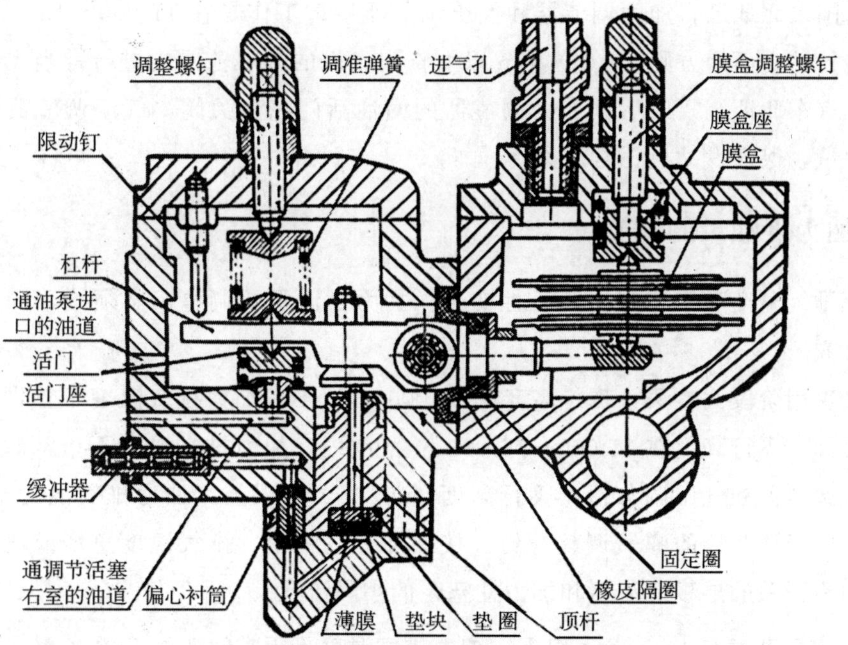


图1-81　气压调节器的结构示意图

气压调节器根据压缩器进口空气总压变化来调节加力供油量，保持加力燃烧室内的燃气温度基本不变。

发动机在加力状态工作，飞行条件不变时，空气流量不变，加力需油量一定，由于压缩器进口空气总压不变，作用在杠杆上的开门力矩等于关门力矩，杠杆受力平衡，保持活门开度不变，调节活塞位置和斜盘角度都一定，加力供油量也一定。飞行条件变化时，加力需油量变化。与此同时，膜盒就会膨胀或收缩，改变开门力矩，改变回油活门开度，相应地改变加力供油量，以保持加力燃烧室内的燃气温度基本不变。例如，飞行高度上升时（飞行速度减小时的情况与此相同），一方面，空气流量减小，加力需油量减小；另一方面，压缩器进口空气总压下降，气压调节器的膜盒膨胀，开门力矩增大，使回油活门开大，调节活塞右室油压减小。这时，调节活塞在左、右室油压差的作用下向右移动，斜盘角度减小，加力供油量减小。随着加力柱塞泵的出口油压减小，传压器作用力减小，又使开门力矩减小，回油活门稍关小。由于传压器的这种作用，调节活塞右移速度减小，起液压回输作用，保证调节活塞右移速度先快后慢，调节过程既迅速又无过调。

(3) 加力调节器与气压调节器的接替工作

发动机在低空加力时，气压调节器的回油活门完全关闭，对加力供油量不起调节作用，仅加力调节器单独调节加力供油量。

在我国东北地区，加力调节器和气压调节器接替工作是在 11 000～15 000 m 高度范围内进行的，而南方则在 15 000 m 以上直到飞机的升限范围内进行。当飞行高度达 15 000 m（东北地区）以后，加力调节器的回油活门完全关闭，气压调节器单独调节加力供油量，保证发动机正常加力。

### 2. 加力供油量的调整

加力排气温度随飞行高度阶段性变化，加力供油量的调整，必须按不同的飞行高度分别研究。

一般采用阶段调整法：飞行高度在 11 000 m 以下，加力排气温度不正常时，一般调整节气针。飞行高度在 11 000～15 000 m 范围内，加力排气温度不正常时，应同时调整加力调节器和气压调节器。飞行高度在 15 000 m 以上，加力排气温度不正常时，一般调整气压调节器的弹簧调整螺钉。接通加力过程中，排气温度急增或急降时，一般调整加力开关的层板节流器和加力柱塞泵的小限流孔。

(1) 飞行高度在 11 000 m 以下，加力排气温度不正常时

飞行高度在 11 000 m 以下，加力排气温度不正常时，应调整加力调节器，因为加力供油量是由它单独调节的。节气针位于压缩器中机匣前段左上方，节气针的构造如图 1-82 所示。从第九级压缩器引出来的压缩空气，先经过进气嘴，然后经过气针与放气衬筒之间的环形通道，从放气孔流出。在进气嘴后，有接头经导管与加力调节器薄膜上室相通。

顺拧节气针，气针下移，气针与放气衬筒之间的环形通道截面积减小，排气阻力增大，加力调节器薄膜上室气压增大，使回油活门关小，加力供油量增加，能提高加

力排气温度。反拧时，情况相反。每调一响，加力排气温度改变多少，难以用准确的数值表示。飞行高度不同，每个气针的匹配不同，影响排气温度变化量的大小也不同。一般的规律是：在中、低空，每调整一响改变加力排气温度 3～5 ℃。节气针的下沉量规定为 9±2 mm。

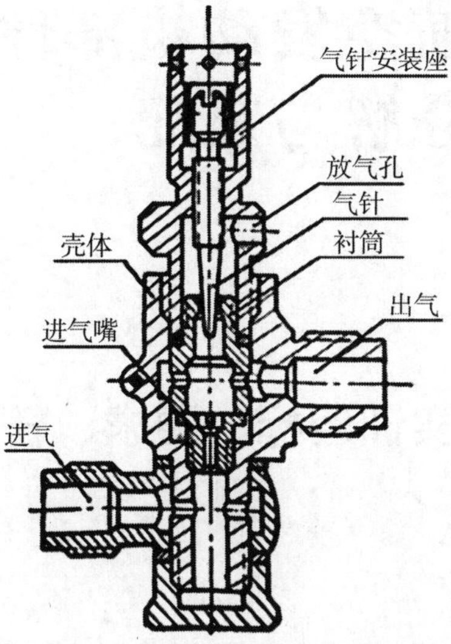


图 1-82　节气针的结构示意图

(2) 飞行高度在 15 000 m 以上，加力排气温度不正常时

飞行高度在 15 000 m 以上时，加力供油量是由气压调节器单独调节的，应用气压调节器弹簧调整螺钉来进行调整。顺调弹簧调整螺钉，加力供油量增加，加力排气温度升高；反拧，加力排气温度降低。每调 1°改变加力排气温度 1～3 ℃，其改变量随飞行高度上升而增大。飞行高度高，加力需油量小，加力供油量小，调整后引起加力供油量改变的程度大，对加力排气温度的影响大。每次顺调量不要超过 30°，以防高空加力排气温度超过 680 ℃。

(3) 飞行高度在 11 000～15 000 m 范围内，加力排气温度不正常时

飞行高度在 11 000～ 15 000 m 范围内，加力排气温度不正常时，应用节气针和气压调节器弹簧调整螺钉配合调整，因为在这个高度范围内，加力供油量是由加力调节器和气压调节器共同调节的。

# 项目 2　航空发动机部件和附件的分解与装配

## 任务 1　实训目标、要求、任务和流程

### 1. 实训目标

| | |
|---|---|
| 知识目标 | (1) 了解航空发动机的基本知识。<br>(2) 理解航空发动机的工作原理，掌握发动机典型部件和附件的功能、结构组成。<br>(3) 理解航空发动机典型工作系统的工作原理，掌握各个系统的布局、功能和组成。<br>(4) 理解航空发动机重要参数的物理意义和发动机的性能指标。<br>(5) 了解航空发动机常见故障，熟悉发动机维护、维修流程和故障排除的一般方法。<br>(6) 掌握发动机安全维护的基本要求。<br>(7) 了解航空发动机制造和修理的工作流程。<br>(8) 了解航空发动机部件和附件的分解、故障检测、修理、装配、测量和调试的基本知识、技术规定、操作规程和工作规程。 |
| 能力目标 | (1) 能运用理论基础知识，理解典型发动机部件和系统的组成、结构特点和工作原理。<br>(2) 能运用综合专业理论知识分析问题和解决问题。<br>(3) 熟悉航空发动机故障检测、排除的一般方法和工作流程，具备一定的排除故障能力。<br>(4) 掌握典型发动机的相关技术文件，熟练应用各种技术资料查阅相关技术要求。<br>(5) 掌握航空发动机部件和附件分解、装配的技术要求、注意事项和工作流程，具备一定的操作能力。<br>(6) 掌握航空发动机的部件和附件一般性的修理方法和测量方法，具有一定的操作能力。<br>(7) 能按工作单的工作内容、操作步骤、技术要求、注意事项解决工作中遇到的各种疑难问题。 |

## 2. 实训要求

（1）按照工艺规范的要求完成中等复杂程度典型发动机部件和附件的分解与装配，分析总结出部件和附件拆装过程中的注意事项。

（2）了解并掌握发动机典型部件和附件的工作原理和结构特点。

（3）实训过程中严格遵守“6S”管理的相关规定。

（4）实训过程中按照行业的相关要求正确佩戴劳保用品，遵守安全操作规程以及实训的相关规定。

（5）实训期间按要求使用工量具、工装，严格执行工具管理的相关规定。

（6）实训过程中严格遵守实训教师的工作安排。

## 3. 实训任务

（1）发动机典型部件和附件拆装专用和通用工量具的使用。

（2）按工作单的要求，完成发动机典型部件的认知、分解与装配。包括前机匣、压气机转子（叶片）、后机匣、加力扩散器、燃油泵的分解、故障检测、装配和测量等工作任务。

（3）按工作单的要求，完成发动机典型附件的认知、拆卸与安装。包括主燃油泵、加力燃油泵、离心增压泵、离心活门、燃滑油散热器、油门操纵系统、加力电嘴和导电棒附件的拆卸、测量和安装等工作任务。

（4）认知发动机典型部件和附件的工作原理、结构特点以及常见的故障分析和排除。

（5）掌握发动机典型部件和附件的分解、修理、测量和装配的主要流程、技术要求和注意事项。

（6）完成实训总结报告。

## 4. 实训流程

航空发动机部件和附件拆装实训的一般流程包括准备工作、工作任务的开展、实训考核和实训总结 4 个基本环节，如图 2-1 所示。

### 1）实训前的准备

（1）清理工作现场，清除多余物。

（2）清点工量具，确认工量具的完好性和有效性。

（3）清点技术资料、工作单，确认其完整性和有效性。

（4）检查实训设备。

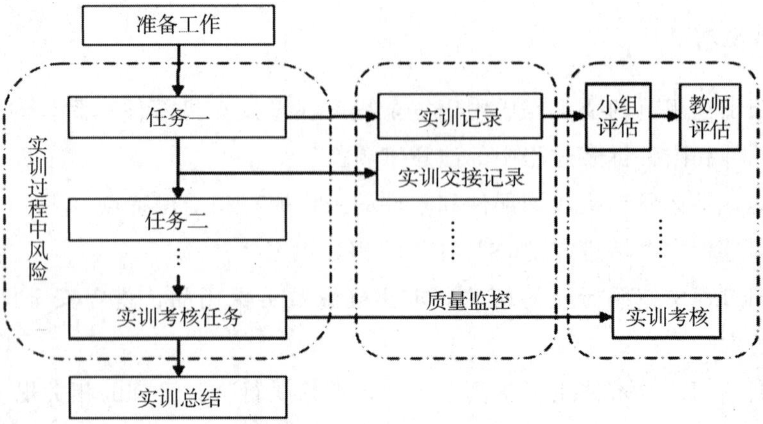

图 2-1 实训流程示意图

2）实训任务的开展

（1）准备开展任务所需的工量具、耗材和必换件。

（2）熟读工作单，明确工作任务、技术要求和注意事项。

（3）分析拆装部件和附件的结构特点和工作原理。

（4）按照工作流程和技术要求进行分解和装配。

3）完成实训任务后的工作

（1）检查产品质量（多装、漏装、错装）。

（2）检查工量具的完好性，清点工量具数量。

（3）检查工作单有无缺失、错填、漏填。

（4）清理和整理工作现场。

4）实训任务考核

（1）实操能力。考核学生的识图能力、动手动脑能力、解决问题的能力、操作的规范性、操作的熟练性、工量具使用的正确性。

（2）理论知识。考核学生是否掌握部件和附件的结构、工作原理、技术要求，是否了解分解与装配的理论知识，能否运用理论知识解决工作中的技术问题。

（3）职业素养。考核学生的个人防护、工具清点、工量具和耗材的摆放、工作单签署、质量意识、安全意识、工具“三清点”、工序“三检制”。

# 任务2 航空发动机的装配要求

## 1. 航空发动机的结构

从装配的角度，航空发动机由零件、组件、部件、附件、单元体等组成。

### 1）零件

零件是构成发动机的最小单元，零件按作用可分为五种类型。

（1）主要零件：构成发动机最主要的组成基本单元，如压气机，涡轮叶片、盘、轴等。

（2）传动零件：构成传动系统的基本单元，如传动轴、齿轮等。

（3）紧固零件：固紧各种连接的基本件，如螺栓、螺钉、螺母等。

（4）锁紧零件：锁紧各种连接件的基本件，如开口销、自锁螺母等。

（5）封严零件：封严各种连接，防止泄漏的基本件，如胶圈、铜垫、封严帽、封严环等。

### 2）部件

部件是两个或两个以上零件结合形成机器的某部分，如附件齿轮箱、滚动轴承等。

部件是通称，其划分是多层次的。直接进入产品总装的部件称为组件。直接进入组件装配的部件称为一级分组件。直接进入一级分组件装配的部件称为二级分组件。以此类推。产品越复杂，分组件级数越多。

### 3）附件

附件保证发动机正常工作，一定功率、转速和转向的附件通过发动机来带动，如滑油系统的油泵、离心式油气分离装置、燃油系统的燃油泵、燃油控制装置等。这些需要发动机带转的附件都安装在附件齿轮箱上，齿轮箱内有一系列相互啮合的齿轮，发动机驱动齿轮箱，这些齿轮再传动装在其上的所有附件。在发动机上，通常有一个或几个附件齿轮箱。现代大型涡轮风扇发动机上一般是一个齿轮箱，且多数固定在风扇机匣上。

### 4）单元体

可以独立进行装配的部件或附件称为装配单元。任何一个产品都能分成若干个装配单元。

在发动机中有部分附件，如防波管、接插件、橡胶件、塑料件等，生产厂商不制造，这些成品件统称为外购件。

### 2. 装配工艺

装配是制造、修理过程的后期工序，在整个生产过程中占有十分重要的地位，是一个独立生产阶段。装配是按规定的技术标准、技术要求和一系列工艺程序和质量控制程序来进行的。与其他工艺过程相比，装配工艺具有以下特点：

（1）装配质量直接影响发动机的性能、寿命及工作可靠性。

（2）装配过程劳动量较大，装配平均工作量约占发动机制造工作量的30%。

### 3. 装配前的准备

装配前的准备工作主要包括以下几个方面：

（1）研究和熟悉产品装配图、工艺文件和技术要求，了解产品的结构、零件的作用以及相互的连接关系。

（2）确定装配的方法、顺序，准备所需要的工具和耗材。

（3）对装配零件进行清洗和清理，去掉零件上的毛刺、铁锈、切屑、油污及其他脏物，以获得所需的清洁度。

（4）有些零部件需进行刮削等修配工作，有特殊要求的零件还要进行平衡试验、渗漏试验和气密性试验等。

### 4. 装配工作

对于比较复杂的产品，其装配工作分为部件和组件装配以及整机装配。

（1）部件和组件装配：指产品在进入总装以前的装配工作。凡是将两个以上的零件组合在一起，或将零件与几个组件结合在一起，成为一个装配单元的工作，均称为部件装配。部件装配主要包括压气机、燃烧室、涡轮、附件等部分的装配。

（2）整机装配：指将零件和部件结合成一台完整产品的过程，分为传动装配和总装配。发动机的总装配是指将已完成主要部件和附件的单元体，如压气机、燃烧室、涡轮、加力燃烧室等组件以及各附件和各系统，按照一定工序进行装配的工艺过程。

### 5. 装配精度

装配精度主要分为相对运动精度、相对位置精度、形状精度、配合精度、参数精度和平衡精度6个方面。

（1）相对运动精度：指两个或两个以上零件装配后的相对运动技术要求。例如：齿轮的啮合间隙、传动杆的摆动量、加力作动筒的同步性等。

（2）相对位置精度：指零件组件装配后的相对位置技术要求（距离精度、平行度、垂直度、同轴度)。例如：压气机、涡轮各级前后纵向间隙，叶片的径向间隙，发动机轴承支点的同心度，轴承装配后的轴向活动量，等等。

(3) 形状精度：指两个零件装配后的配合面、连接表面规定的接触面积大小、接触点分布的技术要求。例如：管接头与相配零件的接触面、活门与活门座的配合面、轴承支座配合面等。

(4) 配合精度：指两个零件装配后的配合面、连接表面之间规定的配合间隙和过盈技术要求，配合精度影响配合性质和质量。例如：轴与轴承内套、轴承座与轴承外套的配合，盘与盘、盘与轴、盘与轴颈的配合，螺栓与机匣壳体的配合，等等。

(5) 参数精度：指影响整机性能以及各个系统正常工作的某些零件、组件规定的流量、转速、时间、面积等技术要求。例如：燃油系统和滑油系统的喷嘴流量和分布，火焰筒涡流器流量，附件的协动转速和时间，导向器的排气面积，零件质量及整机或组件的外廓尺寸，等等。

(6) 平衡精度：指高转速、大质量的零件和组件以及部件规定的许用不平衡量和许用重心偏移技术要求。例如：压气机以及风扇转子、涡轮转子盘、轴组件、泵的叶轮等。

### 6. 装配技能

航空发动机零部件的连接形式主要有螺纹连接、过盈配合连接、活动件连接等几种方式，其中，螺纹连接是最多也是最主要的一种连接方式，有些重要的螺栓和螺柱决定着整个发动机工作的可靠性。

螺纹连接应满足下列基本要求：

(1) 利用螺纹连接的零件，其接合处在工作载荷作用下应保持牢固。

(2) 有交变载荷时，螺纹连接元件应有足够的持久强度。

(3) 零件的接合处应是密封的。

(4) 螺纹连接的零件不应有任何松动（或拧出）。

为满足这些要求，要在结构和工艺上采取一些措施。最重要的工艺措施就是在装配时使螺纹连接有最佳的拉紧力，即在加外载荷（工作载荷）之前，在螺栓中建立起一定的弹性拉应力，在接合的零件中产生压应力，即预紧力。

在主动载荷作用下，由于预紧力的减小，经常会发生螺纹连接功能失效的现象。影响预紧力下降的因素有：

(1) 由于超出设计要求的短时间过载以及过度拉紧的影响，螺栓和受拉零件产生的残余塑性变形。

(2) 沿对接表面（主要是在粗糙面受压时）及在螺纹副的接触变形。

(3) 螺母（螺钉）的自动松动。

(4) 在高温条件下工作时，螺栓和零件中的应力弛豫。

为使预紧应力稳定，采取的主要措施有：

(1) 在精密检验条件下，将预紧应力增加到最大允许值。

(2) 仔细修合接触表面，并在规定值的载荷下对零件进行预压。

(3) 遵循一定的螺纹连接预紧方式。

(4) 在螺栓结构中采用弹性螺栓和弹性元件。

(5) 工作一段时间后再拧紧。

(6) 减少接合面的数目。

(7) 螺母和螺钉可靠锁紧（用开口销、止动垫圈、弹簧垫圈、自锁螺母、金属丝等）。

螺纹连接一般都有自锁性，在受静载荷和工作温度变化不大时，不会自行松脱，但在冲击、振动或交变载荷下，以及工作温度变化很大时，会使纹牙之间正压力突然减小，使摩擦力减小，以致摩擦力矩减小，螺母回转，使螺纹连接松动。为了确保连接可靠，防止松动，必须采取有效的防松措施，常用的螺纹防松装置有如下几类：

**1) 机械类防松**

这类防松装置是利用机械方法使螺母与螺栓（或螺钉）、螺母与被连接件互相锁牢，以达到防松的目的。常用的有以下几种：

(1) 开口销与带槽螺母防松。如图 2-2 所示，这种装置由开口销把螺母直接锁在螺栓上，防松可靠，但螺杆上销孔位置不易与螺母最佳锁紧位置的槽吻合。这种防松类型多用于变载、振动处。

注意：开口销不能重复使用。

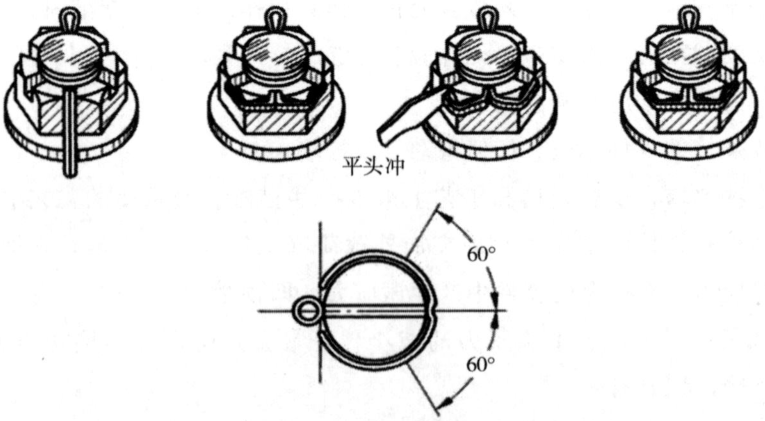


图 2-2 开口销防松示意图

(2) 止动垫圈（又称锁片）防松。单孔止动垫圈如图 2-3 所示。先把垫圈的内翅插入螺杆槽中，然后拧紧螺母，再把外翅弯入靠合螺母的棱边上，靠合应无间隙，允许折弯处与螺母或机体之间产生间隙，弯曲处应是圆滑过渡的。双孔止动垫圈如图 2-4 所示。双孔止动垫圈用于结构件未提供锁片弯曲的地方，双孔止动垫圈可利用双孔相互自锁，螺母按力矩要求拧紧时，止动垫圈可在螺母任意角度下锁紧。

注意：止动垫圈不允许重复使用。

图 2-3 单孔止动垫圈示意图

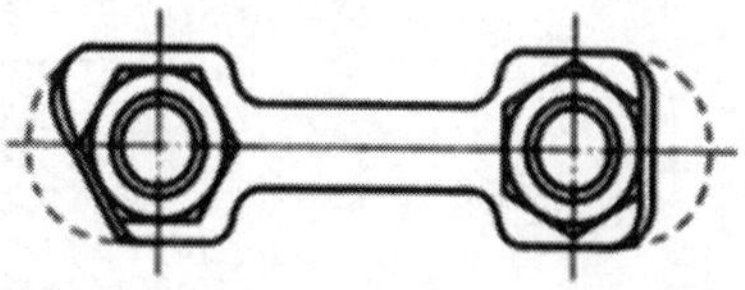

图 2-4 双孔止动垫圈示意图

（3）保险丝防松。如图 2-5 所示，保险丝防松是用钢丝连续穿过一组螺母的小孔，以保险丝的相互牵制作用来防止螺母回松。保险丝防松适用于布置较紧凑的成组螺纹连接。应注意保险丝的拉紧方向，应遵循保险丝保险三个要素：螺帽能被拉紧（保险孔与被保险螺帽拉力点连心线大于 30°）；操作方便；保险丝要短。

注意：保险丝不允许重复使用。

图 2-5 保险丝防松示意图

**2）摩擦类防松**

（1）双螺母防松。如图 2-6 所示，锁紧螺母防松装置使用了主、副两个螺母。这种防松装置使用两个螺母，增加了结构尺寸和重量，一般用于低速重载或较平稳的场合（飞机发动机上不采用此类防松）。

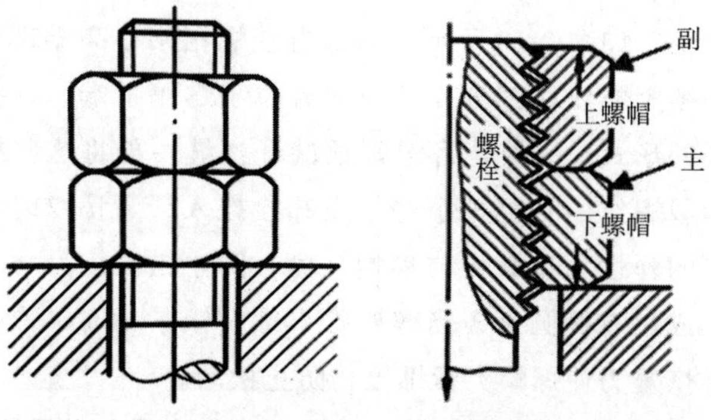


图 2-6 双螺母防松示意图

（2）弹簧垫圈防松，如图 2-7 所示。弹簧垫圈防松的特点是构造简单，防松可靠，一般应用在不经常装拆的场合，但这种防松装置容易刮伤螺母和被连接件表面。同时，由于弹力分布不均，螺母容易偏斜。

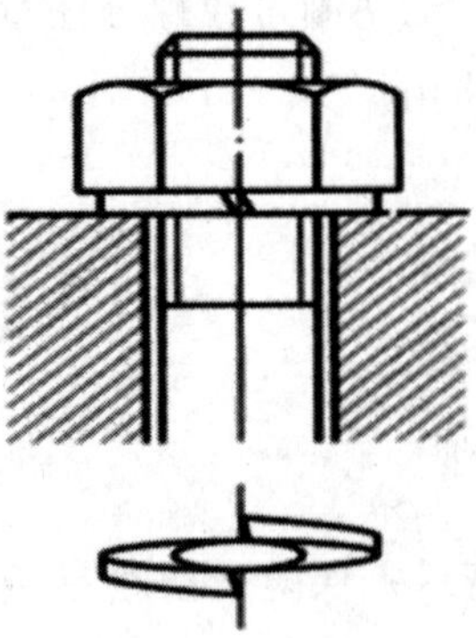

图 2-7　弹簧垫圈防松示意图

（3）点铆法和冲点法防松。点铆法防松如图 2-8 所示。当螺钉或螺母被拧紧后，可以用点铆法将螺钉或螺母末端铆死，以防止螺钉或螺母的松动。在螺钉头直径上点铆，在螺母的侧面上点铆。点铆法防松的特点是防松可靠，但拆卸后连接零件不能再用，一般仅用于不需拆卸的特殊连接。冲点法防松如图 2-9 所示。当螺钉或螺母被拧紧后，用冲头工具在螺钉或螺母的端面靠近螺纹处冲点，使材料产生塑性变形，螺杆和螺母间的螺纹受到挤压，产生摩擦力，起到放松作用。

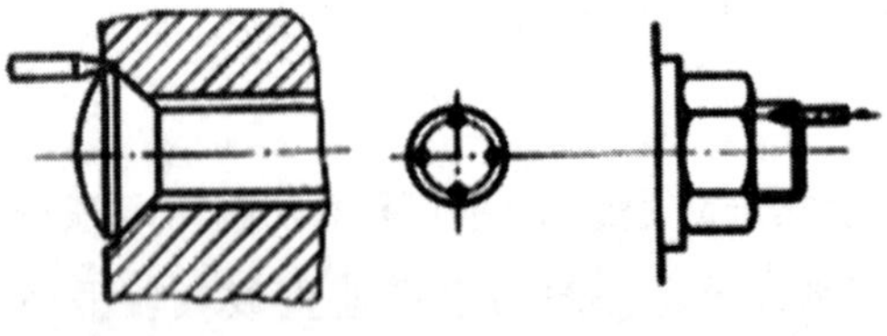

图 2-8　点铆法防松示意图

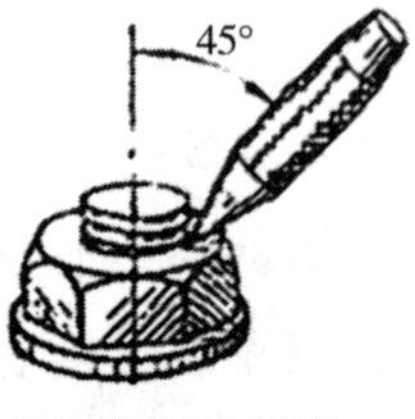


图 2-9　冲点法防松示意图

（3）自锁螺母防松，如图 2-10 所示。高温自锁螺帽用于高温部位，为全金属，螺帽通常有承载螺纹和锁紧螺纹两部分。承载部分位于螺帽下端，锁紧部分位于螺帽顶部的一端。它有不同的形式。一种是将螺帽顶端开槽缝，再将这些槽缝挤压闭合，使顶部螺纹的直径比承载螺纹的直径稍小些。当螺栓拧入锁紧螺纹时，螺母螺纹上的槽缝将撑开，螺帽变形的弹性力使螺栓与螺帽夹紧，防止松动。另一种是将螺帽顶端的锁紧部分螺纹孔挤压成稍有椭圆度，当螺栓拧入螺帽锁紧段时，螺帽螺纹孔受螺栓力而变形，变形的弹性恢复力使螺帽夹紧螺栓，防止松动。

注意：高温自锁螺母可重复使用，但在使用一个规定周期后需检查锁紧力。

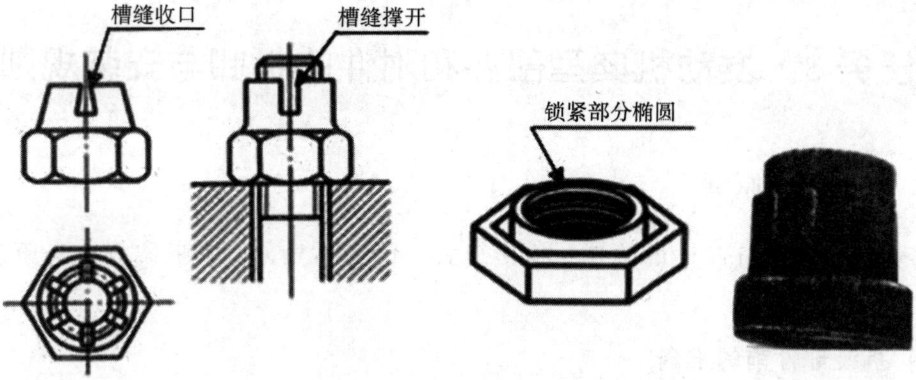


图 2-10　自锁螺母防松示意图

# 任务3　发动机典型部件和附件的拆卸与安装规则

## 1. 部件拆装原则

各类航空发动机部件的构造、连接形式、位置各异，但其拆装方法与原理基本相同。

### 1）拆装部件前的准备

（1）在规定的实训场地进行部件拆装工作前，检查工作环境，使其符合工作要求。工作现场必须设有灭火器，并掌握其用法。

（2）必须了解所拆部件的构造、连接特点、所处位置以及邻近部件的相互关系。

（3）做好安全措施，准备工具、量具、设备、耗材和必换件。

（4）拆卸燃油、滑油、液压油、冷却系统等部件前，根据部件位置关闭相对应的开关或放出液体。

（5）布置工作场所，清扫工作现场，清除危险源，避免零件、保险丝头、开口销随意掉在地上，地面上的杂物应及时清理。

### 2）拆卸方法

（1）除去保险、螺帽、螺钉上的保险丝，开口销一定要取干净，注意不要损伤部件和掉在舱内。

（2）正确使用工具，明确拆卸方向，用力要柔和，勿乱敲乱打，以防损坏部件。

### 3）拆卸一般原则

（1）先拆传动部分，后拆固定部分。

（2）先拆受力小的，后拆受力大的。

（3）先拆下面部分，后拆上面部分。

（4）先拆外面部分，后拆里面部分。

（5）先拆小的部分，后拆大的部分。

（6）先拆中间部分，后拆两端部分。

### 4）拆卸后的工作

（1）拆卸后的部件应该用规定的清洗剂清洗干净，并按拆卸的顺序放好。多个相似部件的拆装应该做好相应标记。小零件、螺钉、螺帽应放盒子或袋子里，防止丢失。

（2）拆下的导管、外露孔应用堵塞或盖板封堵，防止尘土、异物进入内部。

（3）检验部件有无锈蚀、划伤、压坑、弯曲、变形、积碳、烧伤、磨损等故障。

（4）按照规定更换符合规格的密封件。

### 5）安装部件前的准备

（1）准备好工量具、器材、设备并清点。

（2）做好安全准备。

（3）检查部件的牌号、序号、数量，防止错装、漏装。

（4）需涂油、配置垫圈和密封圈的部件应按位置、型号配好。

（5）取下导管、外露孔的堵塞、盖板等。

### 6）安装方法

按照“后拆的先装、先拆的后装”的原则进行。

（1）保证部件的正确位置和连接特点。

（2）保证安装质量，油液系统不得渗漏，冷气系统、氧气系统不得漏气。

（3）拧紧螺钉、螺帽要对角进行，逐步加力，最后拧紧到规定力矩。自锁螺帽在螺纹阶段，顺时针或逆时针转动时应有一定力矩，如感觉差距大，应检查锁紧力，不符合要求则报废。自锁螺帽拧紧后，应外露 2～3 牙螺纹。

（4）安装导管时，不得使其偏斜、弯曲、扭转，按规定装好固定夹。

### 7）安装后的检验与试验

（1）进一步检查、校对定位。

（2）滑油要加压实验，保证不渗漏。

（3）冷气、氧气系统部件保证不漏气并加压实验。

（4）检查各种保险是否正确。

## 2. 部件和附件拆装的注意事项

在进行发动机部件和附件的拆装时，有可能会使用专用工具和工装等，使用这些设备时，需在任课教师的指导下进行操作，并严格遵守操作规程。使用设备前，应依据相关工作程序，详细检查设备的状态，确认完好性。

施工过程中的安全注意事项：

（1）注意力矩的大小。对于航空器的螺纹紧固件，必须对其施加合适的紧固力矩。如力矩过小，会导致飞机或发动机结合面振动、结构疲劳、部件脱落等现象。过大的紧固力矩会损坏螺纹导致脱落、部件疲劳等。可以通过多种渠道获得螺纹紧固件的紧固力矩，重要部位的工作单会明确标注相关紧固件的紧固力矩。

（2）保证工作场所、工具、拆卸部件、施工点的清洁。

（3）保证工具和设备的有效性。需要校验的工具和设备应该检查其是否在有效期内，选取的工具（量具）是否为可用量程。根据工作现场实际情况，领取足量的工具和设备，防止由于工具和设备不到位而造成的施工错误。

（4）必须在授权范围内进行工作，禁止从事未经授权的工作。

（5）依据相关技术资料正确地选择和使用工具。对于工作单允许的工具，在使用前应该详细了解该工具的优缺点及使用注意事项，用最恰当的工具进行施工。

（6）确保工作单的有效性。在测试工作中，对于实际测量数据与工作单中参考数据不一致的地方，应该在检查自己的工作的同时确定工作单的准确性和可靠性。

（7）施工过程中要时刻保持工作环境的干净、整齐，工作中产生的保险丝头、废垫片、废弃插钉、导线等废弃物应该第一时间收集到废物袋中，油污、水渍等应及时清理，防止造成部件、环境污染。

# 项目3　发动机主要附件的拆卸与安装

## 任务1　主燃油泵的拆卸与安装

### 1. 实训目标

| | |
|---|---|
| 知识目标 | (1) 了解常用工量具和工装的种类、规格和使用方法。<br>(2) 掌握主燃油泵的分解、故障检查、测量、装配的基本技能和理论知识。<br>(3) 掌握主燃油泵装配、故障检查、修理的工作流程和技术要求。<br>(4) 了解导管安装同心度、过盈量的技术要求、允许范围和检查方法。<br>(5) 掌握发动机油门操纵系统的调整原理、技术要求和调整方法。<br>(6) 了解主燃油泵的结构和组成。<br>(7) 了解主燃油泵的功能和调节原理。<br>(8) 了解油门操作系统对飞机操控的影响。<br>(9) 了解燃油泵的使用与维护。 |
| 能力目标 | (1) 能正确使用和选用工量具，并掌握使用技巧。<br>(2) 能识读工艺装配图，按照装配图的技术要求、装配关系，开展主燃油泵、各零组件、管路系统的分解和装配工作。<br>(3) 能正确使用量具，按技术要求，开展主燃油泵的故障检查和测量工作。<br>(4) 能独立完成导管的不同轴度、过盈量、间隙的检查和校正工作。<br>(5) 能独立开展导管接头锥面、球面和连接螺纹的损伤修复工作。<br>(6) 能按工作单技术要求，开展油门操纵系统的分解、装配和联调工作。<br>(7) 能熟记装配图中各零组件图号，运用图号掌握零组件的装配位置和装配技术要求。<br>(8) 有独立分析和解决问题的能力。 |

## 2. 主燃油泵的拆卸与安装

| | | | | | |
|---|---|---|---|---|---|
| 题名 | 主燃油泵（ZB-10A）的拆卸与安装 | | | | |
| 机型 | | | 机号 | | |
| 工作区域 | | | 版本 | | |
| 编写 | | 审核 | | 批准 | |
| 日期 | | 日期 | | 日期 | |
| 工作台位 | | 工作小组 | | | |
| 开始时间 | | | 结束时间 | | |

1. 实训基本要求

1）技术要求

（1）快卸环与水平中心线角度约成 50°。

（2）快卸环两半环间隙 0.4～2 mm。

（3）两半环间隙差不大于 0.2 mm。

（4）在主燃油泵（ZB-10A）放置新衬垫（3325507），装在安装座（3506035）上，与安装座固定孔成 10°角转动拉杆进行调节，使主泵（ZB-10A）的杠杆在“停车”及“额定”状态标线上的位置和操纵盒 KZH-1 的杠杆在分度盘“停车”及 90°上的位置相重合。

（5）当操纵盒 KZH-1 杠杆移动 90°±1°时，主泵（ZB-10A）的杠杆应在“额定”状态止动钉上。

（6）当操纵盒 KZH-1 的操纵杆从“额定”位置移动到“停车”位置时，主泵（ZB-10A）的杠杆应协同移动到“停车”位置。

（7）拉杆调整后，通过检验孔 B 检查拉杆内耳环的进入量，此时用保险丝插入 B 孔，保险丝不允许通过 B 孔。

（8）安装导管不同心度技术要求。导管的一端固定在发动机上，且其最后固定点上装有箍的情况下，允许配件在导管配修之前的不同心度为：导管外径为 6～10 mm，长度大于 100 mm，不同心度 5 mm；导管外径为 10～20 mm，长度大于 100 mm，不同心度 4 mm；导管外径大于 20 mm，长度大于 100 mm，不同心度 2 mm。

注意：

① 允许用夹布胶木棒（板）校正导管，校正量不大于 2 mm。

② 校正后的导管用放大镜检查焊缝处有无裂纹。

（9）安装导管过盈量技术要求：

① 导管一端与配件连接固定，另一端不连接，为自由状态，管接头端面轴向间隙不大于 3 mm。

② 管径在 8 mm 以内的轴向间隙不大于管径的 1/2。

③ 管径大于等于 10 mm 的轴向间隙不大于 3 mm。

（10）装有胶圈密封的管接头拧紧技术要求：用手将螺母拧到接头上，直到螺母与管接嘴凸缘接触为止。

① 螺纹尺寸小于 M22×1.5，拧紧角度 60°±10°。

② 螺纹尺寸大于 M24×1.5，拧紧角度 40°±10°。

（11）导管与导管、导管与机匣及零件的间隙不小于 2 mm。

2）技术图样

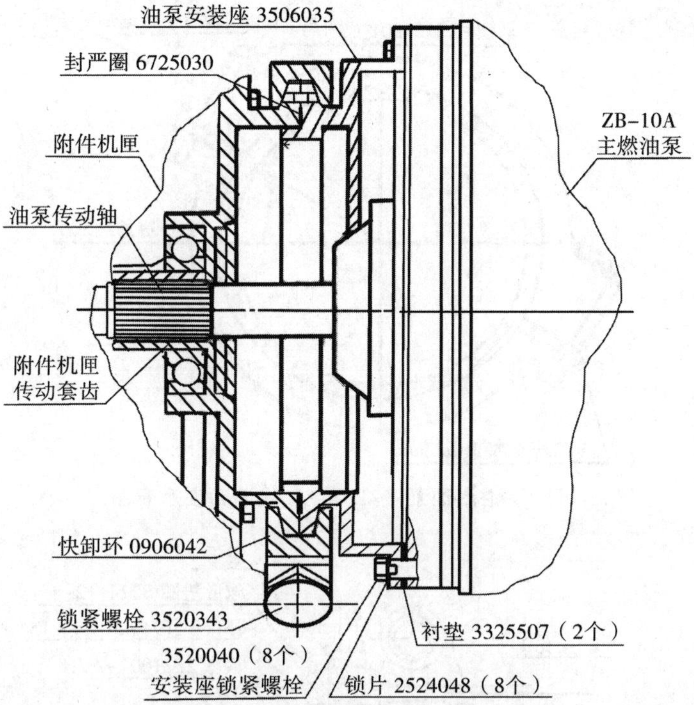


图 1　主燃油泵与附件机匣的安装示意图

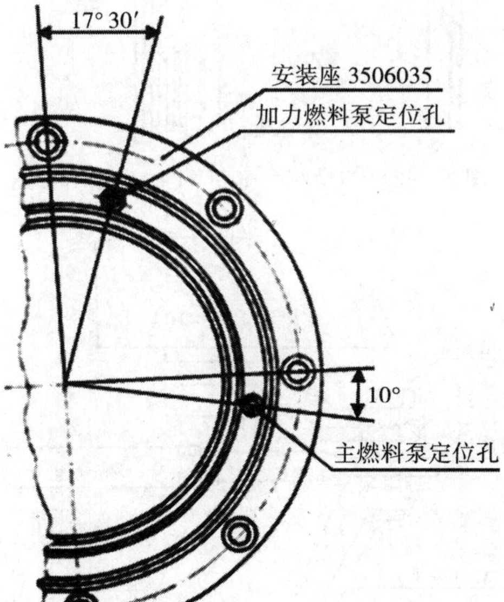


图 2　主燃油泵 ZB-10A 定位孔示意图

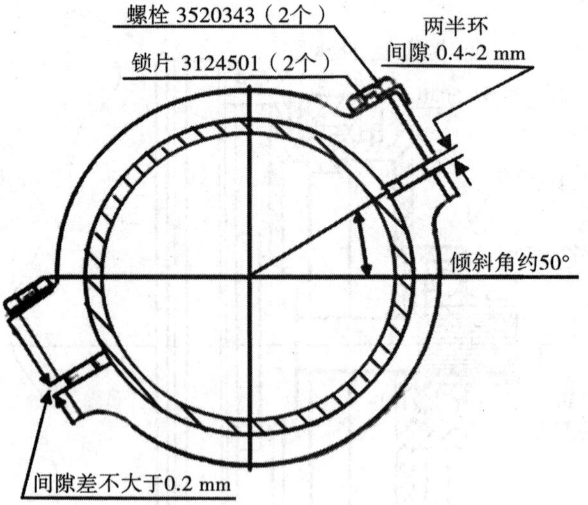


图 3　主燃油泵（ZB-10A）安装角度示意图

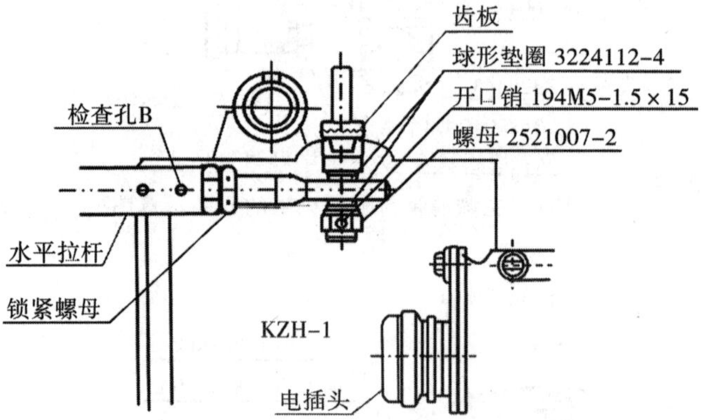


图 4　拉杆与操纵盒 KZH-1 的连接示意图

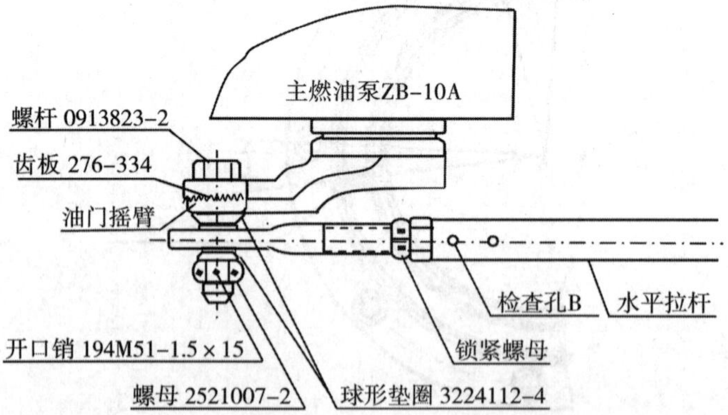


图 5　拉杆与燃油泵 ZB-10A 摇臂的连接示意图

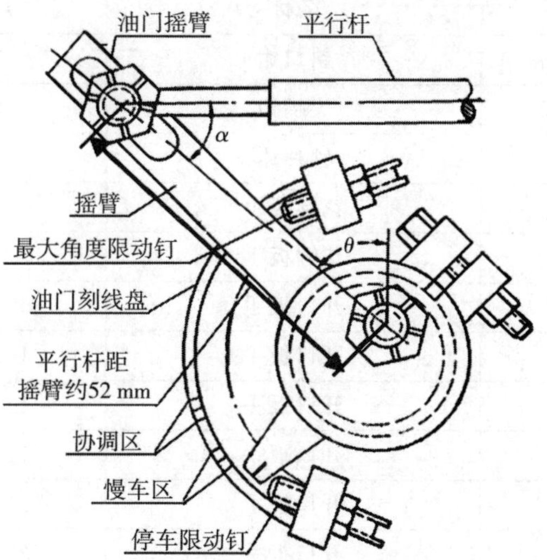


图 6　平行杆在燃油泵摇臂上的安装位置示意图

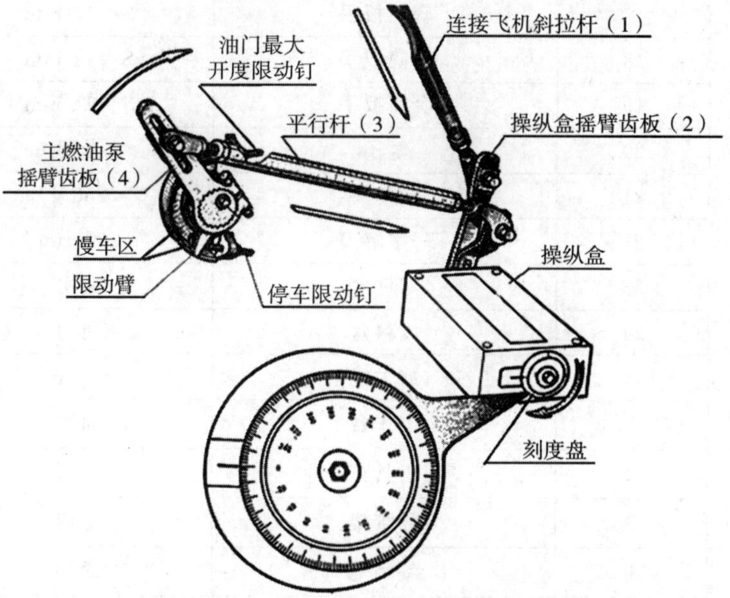


图 7　油门摇臂和平行杆协同调整示意图

2. 工量具、设备、耗材、防护用品

| 类别 | 序号 | 名称 | 规格型号 | 数量 |
|---|---|---|---|---|
| 工量具 | 1 | 游标卡尺 | 0.02 mm | 1 |
| | 2 | 扭力扳手（表盘式） | 0～50 N·m | 1 |
| | 3 | 塞尺 | 0～2 mm | 1 |
| | 4 | 钢板尺 | 0～300 mm | 1 |

| 类别 | 序号 | 名称 | 规格型号 | 数量 |
|---|---|---|---|---|
| 工量具 | 5 | 斜口钳 | 150 mm | 2 |
| | 6 | 尖嘴钳 | 150 mm | 2 |
| | 7 | 锁片钳 | 专用 | 1 |
| | 8 | 花键扳手 | 专用 | 1 |
| | 9 | 花键扳手 | 专用 | 1 |
| | 10 | 开口扳手 | 9×11 $mm^2$ | 2 |
| | 11 | 开口扳手 | 10×12 $mm^2$ | 2 |
| | 12 | 开口扳手 | 14×17 $mm^2$ | 2 |
| | 13 | 开口扳手 | 19×22 $mm^2$ | 2 |
| | 14 | 开口扳手 | 24×27 $mm^2$ | 2 |
| | 15 | 开口扳手 | 30×32 $mm^2$ | 2 |
| | 16 | 套筒扳手 | $S$=9 mm | 2 |
| | 17 | 套筒扳手 | $S$=10 mm | 1 |
| | 18 | 套筒扳手 | $S$=11 mm | 1 |
| | 19 | 套筒扳手 | $S$=14 mm | 1 |
| | 20 | 錾子 | 专用 | 1 |
| | 21 | 铁榔头 | 250 g | 1 |
| | 22 | 一字解刀 | 200 mm | 1 |
| | 23 | 零件盒 | 通用 | 3 |
| | 24 | 废料盒 | 通用 | 1 |
| | 25 | 放大镜 | 5～10 倍 | 1 |
| 设备 | 1 | 工作台 | 通用 | 1 |
| | 2 | 工具车 | 通用 | 1 |
| | 3 | 导管架 | 专用 | 1 |
| 耗材 | 1 | 签字笔 | 通用 | 1 |
| | 2 | 记号笔 | 通用 | 1 |
| | 3 | 纸胶带 | 通用 | 1 |
| | 4 | 细砂纸 | 180 号 | 1 |
| | 5 | 毛刷 | 通用 | 1 |
| | 6 | 擦布 | 通用 | 1 |
| 防护用品 | 1 | 线手套 | 通用 | 按需 |
| | 2 | 护目镜 | 通用 | 按需 |

| 3. 实操工作要求 |
| --- |
| 1）一般要求<br>（1）检查量具检验合格证、有效期，量具应完好无损。<br>（2）检查工作场地有无多余物，应干净整洁。<br>（3）按照工量具清单，检查清点工量具的数量、规格，工量具应完好无损。<br>（4）准备工作任务单并熟读，明确工作任务，熟悉工作流程和技术标准。<br>（5）按工作单的操作步骤完成一项签署一项，签名要工整。<br>（6）填写数据要工整、清晰、准确，不得涂改。<br>（7）严格按照工作单的操作工序、技术要求、注意事项进行操作。<br>（8）安全文明操作，不得强拆强装。 |
| 4. 主燃油泵（ZB-10A）的分解工序 |
| 1）拆卸前的一般要求<br>（1）检查主燃油泵各调整部位铅封、保险是否正确完好。<br>（2）检查主燃油泵有无损伤、缺件。<br>（3）检查各连接管路系统有无损伤、变形、压坑。<br>（4）检查电磁活门、插座、插针有无松动、损伤。<br>（5）检查屏蔽电缆有无损伤、压坑、断丝、脱焊。<br>注意：<br>① 拆卸前先做好卡箍在导管安装位置上的标记。<br>② 使用双扳手拆卸，防止导管变形。 |
| 2）油门操纵组件拆卸工步<br>（1）拆下连接主燃油泵的所有导管螺母、卡箍上的保险。<br>（2）拆下导管上的所有卡箍。<br>（3）松开操纵盒与油门拉杆上连接接头上紧固螺母并取下，取下球形垫圈，移出拉杆，取下第二个球形垫圈，取出连接螺杆。<br>（4）松开主燃油泵与油门拉杆耳环上的紧固螺母并取下，取下球形垫圈，移出拉杆，取下第二个球形垫圈、齿板，取出连接螺杆。<br>（5）将拉杆两端的耳环球头用线绳拴住，以防球头脱落。 |
| 3）导管、电磁活门拆卸<br>（1）将主燃油泵上的电磁开关支架的固定螺母拆下，将电磁开关和支架一起取下。<br>（2）将上弯头漏油管接头拆下并取下导管。<br>（3）拆下通主泵的低压燃油导管。<br>（4）拆下泵前燃油压力测量管。<br>（5）拆下通主泵的燃油输油管螺栓，取下密封圈。<br>（6）拆下紧固螺母，从主燃油泵上拆卸以下导管、插头：液压缓冲器上端头开关的插头，副油路燃油压力测量管，通副油路的燃油输油管，通主燃油总管的燃油输油管，从主泵通离心活门的燃油输油管，通起动自动调节器的空气管，通加速性自动调节器的空气管，主泵传动漏油管，起动自动调节器漏油管，液压缓冲器漏油管。<br>注意：<br>① 拆下的导管应及时进行封堵，防止外来物落入管路内腔。<br>② 拆下的导管、卡箍应做好位置标识，以便后续安装。 |

4）主燃油泵的拆卸
（1）松开主燃油泵快卸环螺栓锁片保险。
（2）松开主燃油泵快卸环紧固螺栓，取下快卸环。
（3）取下主燃油泵。
注意：
① 拆卸过程中持续用手托住燃油泵，防止传动轴变形。
② 及时封堵附件机匣上的油泵安装孔。

### 5. 主燃油泵（ZB-10A）组件、导管故障检测工序

1）主燃油泵和导管故障检测
（1）用放大镜检查导管焊接处有无裂纹、脱焊。
（2）检查主燃油泵的清洁情况，外部有无损伤。
（3）检查主燃油泵传动轴有无磨损、变形。
（4）检查各调整螺钉保险和铅封是否完好。
（5）检查各导管有无变形、压坑、损伤。
（6）检查导管螺纹接头有无损伤、滑丝、毛刺。
（7）检查封严圈有无损伤、分层、掉块。
注意：
① 止动垫圈不允许重复使用，更换为新品止动垫圈。
② 密封胶圈不允许重复使用，更换为新品密封圈。

### 6. 主燃油泵（ZB-10A）安装工序

1）安装前的一般要求
（1）安装导管前才允许拆下封堵，检查有无多余物。
（2）检查各调整螺钉保险和铅封是否完好、正确。
（3）连接所有导管前安放新品密封圈，密封圈不应有划伤、破损、分层、毛边。

2）主燃油泵安装技术要求
（1）半环应按印记（数字）成对安装，且印记排布在同一面上。
（2）快卸环与水平中心线角度约成50°。
（3）快卸环两半环间隙为0.4～2 mm。
（4）两半环间隙差不大于0.2 mm。

3）主燃油泵安装
（1）在主燃油泵放置新衬垫（3325507），装在安装座（3506035）上，与安装座上的定位孔呈10°，安装座定位孔与主油泵传动漏油接嘴相对应。
（2）用止动垫圈（锁片）将螺帽和螺栓锁紧。
注意：
① 锁紧应可靠，锁尖不应损伤。
② 最上两个螺栓和螺帽（主泵标牌的两面）不锁紧。
（3）检查发动机附件机匣安装座内与主燃油泵的传动装置。
注意：允许事先将安装座（3506035）固定在油泵上。
（4）在快卸环固定螺栓（3520343）上安放新品止动垫圈（3124501），将燃油泵附件装在附件机匣安装座上，油泵定位销对准安装座上的定位孔，用两半快卸卡环将主燃油泵固定。
（5）将卡环两端锁紧螺栓对称、均匀、分次预紧。
注意：
① 两半环应按印记（数字）成对安装，且印记应在同一面对应的位置上。
② 卡环紧固螺栓预紧值不允许超过规定力矩值的要求。

| |
|---|
| (6) 卡环锁紧螺栓打力矩（使用表盘式力矩扳手）：<br>两半环规定力矩值：19.6～24.5 N·m<br>上半环实际值：________ N·m<br>下半环实际值：________ N·m<br>(7) 测量上下半环间隙差。<br>间隙差不大于：0.2 mm<br>实际值：________ mm<br>(8) 检查合格后，将螺栓下的锁片（3124501）锁紧。 |
| 4) 导管、电磁活门安装<br>(1) 安装前的一般要求：<br>① 检查燃油泵外观有无损伤、铅封保险是否完好、正确。<br>② 检查导管有无损伤、变形、压坑、裂纹。<br>③ 检查导管接嘴螺纹、锥面、球面有无损伤、划伤、毛刺。<br>④ 检查电磁活门外观有无损伤，插针有无损伤、松动、变形。<br>⑤ 检查防波导线有无损伤、压坑、断丝、脱焊。<br>(2) 导管、电磁活门安装。<br>安装导管前才允许拆下封堵，检查管路内腔有无多余物。<br>① 安装液压缓冲器上的漏油管。<br>② 安装主燃油泵传输装置漏油管。<br>③ 安装通加速性自动调节器的空气管。<br>④ 安装通起动自动器的空气管。<br>⑤ 安装从主燃油泵通离心活门的燃油输油管。<br>⑥ 安装起动自动调节器的漏油管。<br>⑦ 安装通主总管的燃油输油管。<br>⑧ 安装通副油路的燃油输油管。<br>⑨ 安装副油路内的燃油压力测量管。<br>⑩ 将主燃油泵接上插头，并拧上液压缓冲器上的端头开关插头的螺帽。<br>注意：当连接插头时，必须将插头上的缺口和附件上的缺口与附件插头上的定位键对正。<br>⑪ 在主燃油泵上接燃油输油管，先于管的安装边放好密封圈，拧紧固定螺栓。<br>⑫ 在主燃油泵的输油管上安放密封圈连接：通主泵低压燃油输油管，燃油泵前压力测量管，弯头漏油管。<br>⑬ 将电磁开关及支臂固定在一起，放在固定主泵转动安装座上的两个螺栓上（主泵标牌的两边），并拧上螺母，用止动垫圈锁紧。<br>⑭ 将滑油供油管和出油管放上封严圈，连接在电磁开关上，并拧上螺母。<br>⑮ 将插头连接在电磁开关上，并拧紧螺母。连接时，插座上的槽与插头定位键对正。<br>⑯ 用 $\Phi$0.8 mm 耐热不锈钢丝将所有导管、螺栓锁紧。导管卡箍用止动垫圈锁紧。<br>⑰ 用 $\Phi$0.8 mm 黄铜保险丝将电插头锁紧。<br>注意：<br>① 更换卡箍螺栓新品止动垫圈。<br>② 在导管两端未固紧前，将导管卡箍按标注位置安装且不拧紧，导管两端拧紧后才可将卡箍拧紧。 |
| 5) 安装后的质量检查<br>按照自检和互检的流程进行工作后的检查。<br>(1) 检查主燃油泵安装固定情况。<br>(2) 检查所有连接导管与导管、导管与机匣的间隙应不小于 3 mm。<br>(3) 检查各导管接头、插头、卡箍的拧紧度和安装正确性。<br>(4) 检查各保险有无错、漏打和保险质量情况。 |

### 7. 油门操纵系统组件的安装工序

1）安装前的一般要求

(1) 检查油门平行杆组件是否齐全，有无损伤、变形。

(2) 检查平行杆耳环轴承有无划伤、毛刺，是否转动灵活。

(3) 检查平行杆接头螺纹有无损伤、毛刺。

2）油门平行杆组件的安装

(1) 将平行杆耳环上的线绳取下，在耳环轴承上涂抹润滑脂。

(2) 将平行杆左螺纹的一端朝向发动机的前方（顺航向看），右螺纹向后，在螺杆上装入球形垫片状态操纵盒（KZH-1）摇臂。

注意：油门平行杆两端螺纹有左右螺纹之分，可用左右手定则来判断。

3）油门平行杆在燃油泵和操纵盒上的安装

(1) 将螺杆（0913823-2）安装垫片装入操纵盒（KZH-1）摇臂孔内，安装球形垫圈（3224112-4）、平行杆、第二个球形垫圈（3224112-4）、螺母（2521007-2）并锁紧。

注意：操纵盒摇臂齿板连接飞机斜拉杆，此工步无须安装。

(2) 将主燃油泵的油门摇臂放置在停车位置，安装齿板（276-334）、螺杆（0913823-2）、球形垫圈（3224112-4）、平行杆、第二个球形垫圈（3224112-4）。

(3) 将平行杆移动到主燃油泵摇臂距转轴半径约 52 mm 处连接平行杆，安放平垫圈、固紧螺母。此时，操纵盒（KZH-1）的杠杆也在“停车”位置，杠杆上标线与操纵盒（KZH-1）杠杆上的标线应重合。

注意：

① 齿条板与油门摇臂齿板对应啮合，不得偏斜。

② 球形垫圈的球面（凸面）应朝向油门拉杆耳环轴承方向，否则会造成油门操纵系统紧涩。

### 8. 油门操纵系统调整与检查工序

1）油门操纵系统的调整

(1) 将操纵盒（KZH-1）的杠杆从“停车”位置移动“额定”状态，刻度为 90°±1°，此时主燃油泵的杠杆应在“额定”止动销处。改变主燃油泵油门摇臂齿板的半径及平行杆的长度时，转动摇臂进行调节，使主泵的杠杆在“停车”及“额定”标线上的位置和操纵盒（KZH-1）的杠杆在分度盘“停车”及 90°上的位置相重合。如果“停车”位置和“额定”状态的刻度不符合要求，可通过油门摇臂齿板的半径和平行杆的长度进行调整。

按下列步骤检查和调整：

① 调整操纵盒刻度盘的总转角。调油门摇臂齿板，改变传动比，将操纵盒刻度盘的总转角调到规定值（68°～91°）。油门摇臂齿板上移，传动比变小，“额定”状态刻度变大；下移油门摇臂齿板，则相反。每改变一个齿，“停车”刻度和“额定”状态刻度改变约 1°，总转角改变 2°。

② 检查和调整“停车”刻度。调好总转角之后，应检查“停车”刻度是否符合 $0^{\circ +1}$ 的要求。如“停车”刻度不符合要求，则用平行杆进行调整。“停车”刻度偏大时，应调短平行杆；停车刻度偏小时，则应调长平行杆。每调 1/2 圈，改变刻度约 1.5°。当“停车”刻度和总转角都调好后，“额定”状态刻度则符合要求。

(2) 拉杆调整后，通过拉杆上的检验孔 B 检查平行杆耳环接头的进入量，此时用保险丝插入 B 孔，保险丝不允许通过 B 孔。

| |
|---|
| 2）油门操纵系统工作情况的检查<br>(1) 将操纵盒的杠杆拉到"0°"位置，此时主燃油泵的杠杆应在"停车"止动点上。<br>(2) 当操纵盒杠杆移动90°±1°时，主泵燃油泵的杠杆应在"额定"止动点上。<br>(3) 当操纵盒的操纵杆从"额定"位置移动到"停车"位置时，主泵的杠杆应协同移动到"停车"位置。<br>(4) 在操纵盒的杠杆从0°移动到90°时，检查操纵箱内微动电门接通、断开的响声。 |
| 3）油门操纵系统安装、调整后的质量检查<br>(1) 油门操纵系统应灵活，不松脱、不碰撞（不与其他机件碰撞）。<br>(2) 连接点无间隙。<br>(3) 推收油门无死角（各连接点处杆、板间的夹角小于20°或大于160°，易造成传动不灵活，称为进入死角）。<br>(4) 油门手柄连接处球形垫圈安装正确，否则将影响操纵系统紧涩。<br>(5) 油门摇臂齿板与齿条板吻合，啮合端正。<br>(6) 拉杆螺纹伸出量不能超出检查孔，防止油门操纵系统松脱。<br>(7) 油门拉杆保险无错、漏打和保险质量情况。 |
| 9. 实训任务结束 |
| 结束后的工作：<br>(1) 清洁导管、机件上的标记。<br>(2) 清点工量具。<br>(3) 清理、清扫工作现场。<br>(4) 检查工作单的签字情况并提交工单。 |
| 10. 考核 |
| 1）实操<br>(1) 实操工作中的职业素养、质量意识、责任意识、规范意识和安全意识。<br>(2) 正确掌握工具的选用和使用。<br>(3) 能按照工作单的操作步骤、技术要求，完成部件和附件的分解、故障检测、装配、测量、调试、签署等工作任务。<br>(4) 在实操过程中无错装、漏装、多装。<br>(5) 熟知工作单的有关技术规定、工作要求、注意事项，具有发现、分析和解决问题的能力。<br>(6) 掌握一般性故障检查、故障描述、故障分析。<br>(7) 按基本技能技术要求对部件和附件的紧固件实施保险。<br>(8) 完成工作任务后对所做工作进行自检，清洁整理工作现场，检查并清点工量具。 |
| 2）理论<br>(1) 主燃油泵的功能是什么？<br>(2) 主燃油泵是什么形式的油泵？<br>(3) 发动机稳态调节器有哪几个？<br>(4) 主燃油泵由哪两大部分组成？<br>(6) 流量调节器的功能是什么？<br>(7) 液压延迟器的功能是什么？<br>(8) 转速调节器在什么转速范围内保持转速不变？<br>(9) 流量调节器在什么转速范围内保持流量不变？ |

# 任务 2　加力燃油泵的拆卸与安装

## 1. 实训目标

| | |
|---|---|
| 知识目标 | （1）了解常用工量具和工装的种类、规格和使用方法。<br>（2）掌握加力燃油泵的分解、故障检查、测量、装配的基本技能和理论知识。<br>（3）掌握加力燃油泵装配、故障检查、修理的工作流程和技术要求。<br>（4）了解不同管直径安装的同心度、过盈量的技术要求、允许范围和检查方法。<br>（5）了解加力燃油泵的结构和组成。<br>（6）了解加力燃油泵的功能和调整原理。<br>（7）了解加力燃油泵对飞机高空性能的影响。<br>（8）了解加力燃油泵的维护对保障飞行安全的重要意义。 |
| 能力目标 | （1）能正确选用工量具，并掌握使用技巧。<br>（2）能识读工艺装配图，按照装配图的技术要求、装配关系，开展加力燃油泵、各零组件、管路系统的分解和装配工作。<br>（3）能正确使用工具，按技术要求开展加力燃油泵的故障检查和测量工作。<br>（4）能独立完成导管的不同轴度、间隙的检查和校正工作。<br>（5）能熟记装配图中各零组件图号，掌握零组件的装配位置和装配技术要求。<br>（6）能独立开展导管接头锥面、球面和连接螺纹的损伤修复工作。<br>（7）有独立分析和解决问题的能力。 |

## 2. 加力燃油泵的拆卸与安装

| | | | | | |
|---|---|---|---|---|---|
| 题名 | 加力燃油泵的拆卸与安装 | | | | |
| 机型 | | | 机号 | | |
| 工作区域 | | | 版本 | | |
| 编写 | | 审核 | | 批准 | |
| 日期 | | 日期 | | 日期 | |
| 工作台位 | | 工作小组 | | | |
| 开始时间 | | | 结束时间 | | |
| 1. 实训基本要求 | | | | | |
| 1）技术要求<br>（1）在安装座（3506035）上，与安装座固定孔成 17°30′。<br>（2）快卸环与水平中心线角度约成 40°。<br>（3）快卸环两半环间隙 0.4～2 mm。<br>（4）两半环间隙差不大于 0.2 mm。<br>（5）导管不同心度技术要求：导管外径为 6～10 mm，长度大于 100 mm，不大于 5 mm；导管外径为 10～20 mm，长度大于 100 mm，不大于 4 mm。 | | | | | |

注意：
① 允许用夹布胶木棒（板）校正导管，校正量不大于 2 mm。
② 校正后的导管用放大镜检查焊缝处有无裂纹。

(6) 安装导管过盈量技术要求：导管一端与配件连接固定，另一端不连接，为自由状态，管接头端面轴向间隙不大于 3 mm。管径在 8 mm 以内的轴向间隙不大于管径的 1/2。管径大于等于 10 mm的轴向间隙不大于 3 mm。

(7) 装有胶圈密封的管接头拧紧技术要求：用手将螺母拧到接头上，直到螺母与管接嘴凸缘接触为止。螺纹尺寸小于 M22×1.5，拧紧角度 60°±10°；螺纹尺寸大于 M24×1.5，拧紧角度 40°±10°。

(8) 导管与导管、导管与机匣及零件的间隙不小于 2 mm。

2）技术图样

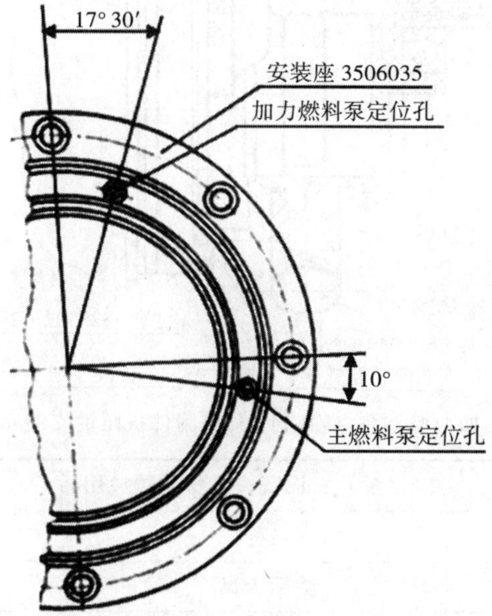


图 1　加力燃油泵（ZB-11A）定位孔示意图

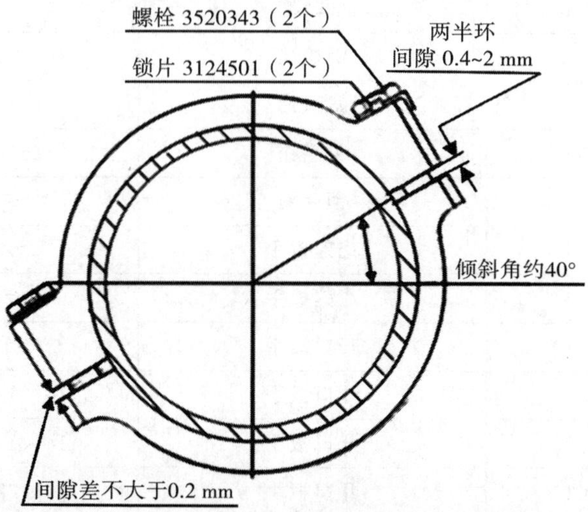


图 2　加力燃油泵（ZB-11A）安装角度示意图

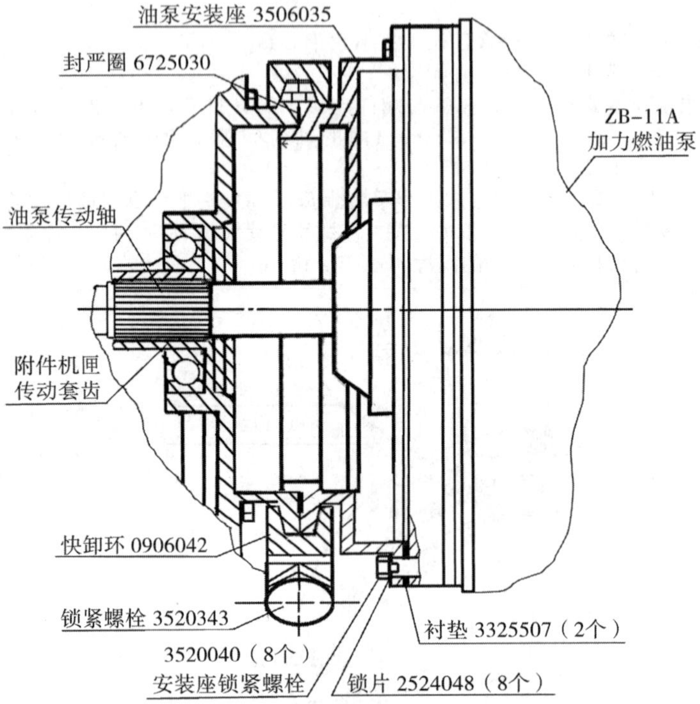


图 3　加力燃油泵（ZB-11A）与附件机匣的安装示意图

| 2. 工量具、设备、耗材、防护用品 | | | | |
|---|---|---|---|---|
| 类别 | 序号 | 名称 | 规格型号 | 数量 |
| 工量具 | 1 | 游标卡尺 | 0.02 mm | 1 |
| | 2 | 扭力扳手（表盘式） | 0～50 N·m | 1 |
| | 3 | 塞尺 | 0～2 mm | 1 |
| | 4 | 钢板尺 | 0～300 mm | 1 |
| | 5 | 斜口钳 | 150 mm | 2 |
| | 6 | 尖嘴钳 | 150 mm | 2 |
| | 7 | 锁片钳 | 专用 | 1 |
| | 8 | 花键扳手 | 专用 | 1 |
| | 9 | 花键扳手 | 专用 | 1 |
| | 10 | 开口扳手 | 9×11 $mm^2$ | 2 |
| | 11 | 开口扳手 | 10×12 $mm^2$ | 2 |
| | 12 | 开口扳手 | 14×17 $mm^2$ | 2 |
| | 13 | 开口扳手 | 19×22 $mm^2$ | 2 |
| | 14 | 开口扳手 | 24×27 $mm^2$ | 2 |

| 类别 | 序号 | 名称 | 规格型号 | 数量 |
|---|---|---|---|---|
| 工量具 | 15 | 开口扳手 | 30×32 mm$^2$ | 2 |
| | 16 | 套筒扳手 | $S$=9 mm | 2 |
| | 17 | 套筒扳手 | $S$=10 mm | 1 |
| | 18 | 套筒扳手 | $S$=11 mm | 1 |
| | 19 | 套筒扳手 | $S$=14 mm | 1 |
| | 20 | 錾子 | 专用 | 1 |
| | 21 | 铁榔头 | 250 g | 1 |
| | 22 | 一字解刀 | 200 mm | 1 |
| | 23 | 零件盒 | 通用 | 3 |
| | 24 | 废料盒 | 通用 | 1 |
| | 25 | 放大镜 | 5～10 倍 | 1 |
| 设备 | 1 | 工作台 | 通用 | 1 |
| | 2 | 工具车 | 通用 | 1 |
| | 3 | 导管架 | 专用 | 1 |
| 耗材 | 1 | 签字笔 | 通用 | 1 |
| | 2 | 记号笔 | 通用 | 1 |
| | 3 | 纸胶带 | 通用 | 1 |
| | 4 | 细砂纸 | 180 号 | 1 |
| | 5 | 毛刷 | 通用 | 1 |
| | 6 | 擦布 | 通用 | 1 |
| 防护用品 | 1 | 线手套 | 通用 | 按需 |
| | 2 | 护目镜 | 通用 | 按需 |

3. 实操工作要求

1）一般要求

（1）检查量具检验合格证、有效期，量具应完好无损。

（2）检查工作场地有无多余物，应干净整洁。

（3）按照工量具清单，检查清点工量具的数量、规格，工量具应完好无损。

（4）准备工作任务单并熟读，明确工作任务，熟悉工作流程和技术标准。

（5）按工作单的操作步骤完成一项签署一项，签名要工整。

（6）填写数据要工整、清晰、准确，不得涂改。

（7）严格按照工作单的操作工序、技术要求、注意事项进行操作。

（8）保证安全文明操作，不得强拆强装。

### 4. 加力燃油泵（ZB-11A）分解工序

1）拆卸前的一般要求

（1）检查加力燃油泵各调整部位铅封、保险是否正确完好。

（2）检查加力燃油泵有无损伤、缺件。

（3）检查各连接管路系统有无损伤、变形、压坑。

（4）检查电磁活门、插座、插针有无松动、损伤。

（5）检查屏蔽电缆有无损伤、压坑、断丝、脱焊。

注意：

① 拆卸前先做好卡箍在导管上安装位置的标记。

② 使用双扳手拆卸，防止导管变形。

2）导管、电磁活门拆卸

（1）拆下连接加力燃油泵的导管螺母、卡箍、电插头上的所有保险。

（2）拆下导管上的所有卡箍。

（3）拆下加力燃油泵的电磁活门、电接触器插头。

（4）拆下通气压调节器的空气管。

（5）拆下加力油针漏油管。

（6）拆下由加力泵通往主泵的回油管。

（7）拆下通落压比调节器的空气管。

（8）拆下通放气针塞的空气管。

注意：

① 拆下的导管应及时进行封堵，防止外来物落入管路内腔。

② 拆下的导管和卡箍做好位置标记，以便后续安装。

3）加力燃油泵的拆卸工步

（1）拆除保险，拧下螺栓及垫圈。拆除通加力泵的燃油导管及封严圈。

（2）松开加力泵快卸环螺栓上止动垫圈保险，松开螺栓。

（3）拆除加力泵安装座（3506035）保险，并从附件上取下安装座（3506035）和垫片。

（4）拆下的加力泵应装好堵盖，防止外来物进入。

注意：在没有条件的情况下，可在接头处注入干净的新鲜滑油进行油封处理，然后装好堵盖。

### 5. 加力燃油泵（ZB-11A）组件、导管故障检测工序

1）加力燃油泵零组件故障检测

（1）用放大镜检查导管焊接处有无裂纹、脱焊。

（2）检查加力燃油泵的清洁情况，外部有无损伤。

（3）检查加力燃油泵传动轴有无磨损、变形。

（4）检查各调整螺钉保险和铅封是否完好。

2）导管故障检测

（1）检查各导管有无变形、压坑、损伤。

（2）检查导管螺纹接头有无滑丝、毛刺。

（3）检查螺栓螺纹有无损伤、螺纹有无毛刺。

（4）检查封严圈有无损伤、分层、掉块。

注意：

① 止动垫圈不允许重复使用，更换新品止动垫圈。

② 密封胶圈不允许重复使用，更换新品密封圈。

| 6. 加力燃油泵（ZB-11A）安装工序 |
| --- |
| 1）安装前的一般要求<br>（1）安装导管前才允许拆下封堵，检查有无多余物。<br>（2）检查各调整螺钉保险和铅封是否完好、正确。<br>（3）连接所有导管前安放新品密封圈，密封圈不应有划伤、破损、分层、毛边。 |
| 2）加力燃油泵安装技术要求<br>（1）半环应按印记（数字）成对安装，且印记排布在同一面上。<br>（2）快卸环与水平中心线角度约成 40°。<br>（3）快卸环两半环间隙 0.4～2 mm。<br>（4）两半环间隙差不大于 0.2 mm。 |
| 3）加力燃油泵的安装<br>（1）放置新衬垫（3325507），装在安装座（3506035）上，与定位孔成 17°30′，安装座定位孔与加力泵传动漏油接嘴相对应。<br>（2）用止动垫圈（2524048）（锁片）将螺帽和螺栓（3520040）锁紧。<br>注意：<br>允许事先将安装座（3506035）固定在油泵上。<br>（3）在快卸环固定螺栓（3520343）上安放新品止动垫圈（3124501），将加力燃油泵装在附件机匣安装座上，油泵定位销对准安装座上的定位孔，用两半快卸卡环将加力燃油泵固定。<br>（4）将卡环两端锁紧螺栓对称、均匀、分次预紧。<br>注意：<br>① 两半环应按印记（数字）成对安装，且印记应在同一面对应的位置上。<br>② 卡环紧固螺栓预紧值不允许超过规定力矩值的要求。<br>（5）卡环锁紧螺栓打力矩（使用表盘式力矩扳手）：<br>两半环规定力矩值：19.6～24.5 N·m<br>上半环实际值：________ N·m<br>下半环实际值：________ N·m<br>（6）测量上下半环间隙差<br>间隙差不大于：0.2 mm<br>实际值：________ mm<br>（7）检查合格后，将螺栓下的锁片（3124501）锁紧。 |
| 4）导管、电磁活门的安装<br>（1）安装前的一般要求<br>① 检查燃油泵外观有无损伤、铅封保险是否完好、正确。<br>② 检查导管有无损伤、变形、压坑、裂纹。<br>③ 检查导管管接嘴螺纹、锥面、球面有无损伤、划伤、毛刺。<br>④ 检查电磁活门外观有无损伤，插针有无损伤、松动、变形。<br>⑤ 检查防波导线有无损伤、压坑、断丝、脱焊。<br>（2）导管、电磁活门的安装工序<br>① 安装导管前才允许拆下封堵，检查管路内腔有无多余物。<br>② 将燃油供油管连接在加力泵上，管子安装边下先垫放封严环，安装固定螺栓并锁紧。<br>③ 安装通落压比调节器的空气管。<br>④ 安装由加力泵通漏油管。<br>⑤ 安装由加力泵通往主泵的回油管。 |

| |
|---|
| ⑥ 安装通加力燃烧室喷嘴的供油管。<br>⑦ 安装加力油针漏油管。<br>⑧ 安装通气压调节器的空气管。<br>⑨ 安装通放气针塞的空气管。<br>⑩ 安装接通加力的电磁活门插销插头。<br>⑪ 安装加力泵电接触器插销接头。<br>⑫ 用 $\Phi$0.8 mm 耐热不锈钢丝将所有安装的接头、螺栓以及固定点的卡箍用止动垫圈锁紧，电磁活门插头用 $\Phi$0.8 mm 铜丝锁紧。<br>⑬ 检查所有连接导管与导管、导管与机匣的间隙应不小于 3 mm。<br>⑭ 检查各导管接头、插头、卡箍的紧度及保险的正确性。<br>⑮ 用 $\Phi$0.8 mm 耐热不锈钢丝将所有导管、螺栓锁紧。导管卡箍用止动垫圈锁紧。<br>⑯ 用 $\Phi$0.8 mm 黄铜保险丝将电插头锁紧。<br>注意：<br>① 更换卡箍螺栓新品止动垫圈。<br>② 在导管两端未固紧前将导管卡箍按标注位置安装且不拧紧，将导管两端拧紧后才可将卡箍拧紧。 |
| 5）安装后的质量检查<br>按照自检、互检的工作流程进行工作后的检查。<br>（1）检查加力燃油泵安装固定情况。<br>（2）检查所有连接导管与导管、导管与机匣的间隙应不小于 3 mm。<br>（3）检查各导管接头、插头、卡箍的拧紧度和安装正确性。<br>（4）检查各保险有无错、漏打和保险质量情况。 |
| 7. 实训任务结束 |
| （1）清洁导管、机件上的标记。<br>（2）清点工量具。<br>（3）清理、清扫工作现场。<br>（4）检查工作单的签字情况并提交工单。 |
| 8. 考核 |
| 1）实操<br>（1）正确掌握工具的选用和使用。<br>（2）能按照工作单的操作步骤、技术要求，完成部件和附件的分解、故障检测、装配、测量、调试、签署等工作任务。<br>（3）在实操过程中无错装、漏装、多装。<br>（4）熟知工作单的有关技术规定、工作要求、注意事项，具有发现、分析和解决问题的能力。<br>（5）掌握一般性故障检查、故障描述、故障分析。<br>（6）按基本技能技术要求对部件和附件的紧固件实施保险。<br>（7）完成工作任务后对所做工作进行自检，清洁整理工作现场，检查并清点工量具。 |
| 2）理论<br>（1）加力柱塞泵的功能是什么？<br>（2）加力供油部分由哪些附件组成？<br>（3）加力燃料系统的功能是什么？<br>（4）加力燃油泵由哪两大部分组成？<br>（5）加力燃油泵主要有哪两个调节器？<br>（6）在高度 10 000 m 以下，由哪个调节器单独调节供油量？<br>（7）在高度 15 000 m 以上，由哪个调节器单独调节供油量？<br>（8）为减小加力供油量，节气针应如何旋转调整？ |

# 任务 3　离心活门的拆卸与安装

## 1. 实训目标

| | |
|---|---|
| 知识目标 | (1) 了解常用工量具和工装的种类、规格和使用方法。<br>(2) 掌握离心活门的分解、故障检查、测量、安装的工作流程和技术要求。<br>(3) 了解离心活门的结构和组成。<br>(4) 了解离心活门的功能和调节原理。<br>(5) 了解发动机起动放气机构的防喘原理。<br>(6) 了解喘振对发动机内部机件的损伤和危害。<br>(7) 了解发动机喘振的主要原因以及对飞行安全的影响。 |
| 能力目标 | (1) 能正确选用和使用工量具。<br>(2) 能识读工艺装配图，按照工作单技术要求开展离心活门的分解、故障检查和安装工作。<br>(3) 能正确使用量具，按技术要求进行离心活门固定卡环力矩和间隙的检查、测量和调整。<br>(4) 掌握起动放气带的打开和关闭的工作过程和工作原理。<br>(5) 能独立开展导管接头锥面、球面和连接螺纹的损伤修复工作。<br>(6) 能按技术要求开展离心活门有关管路系统的不同轴度的检查和校正工作。<br>(7) 有独立分析和解决问题的能力。 |

## 2. 离心活门的拆卸与安装

| | | | | | |
|---|---|---|---|---|---|
| 题名 | 离心活门的拆卸与安装 | | | | |
| 机型 | | | 机号 | | |
| 工作区域 | | | 版本 | | |
| 编写 | | 审核 | | 批准 | |
| 日期 | | 日期 | | 日期 | |
| 工作台位 | | 工作小组 | | | |
| 开始时间 | | | 结束时间 | | |
| 1. 实训基本要求 | | | | | |
| 1）技术要求<br>(1) 快卸环两半环间隙 0.4～2 mm。<br>(2) 两半环间隙差不大于 0.2 mm。<br>(3) 所有连接导管与导管、导管与机匣的间隙应不小于 3 mm。 | | | | | |

(4) 导管不同心度技术要求:导管外径为 6～10 mm,长度大于 100 mm 时,不大于 5 mm;导管外径为10～20 mm，长度大于 100 mm 时,不大于 4 mm;允许用夹布胶木棒（板）校正导管，校正量不大于 2 mm。
(5) 安装导管过盈量技术要求：导管一端与配件连接固定，另一端不连接，为自由状态，管接头端面轴向间隙不大于 3 mm；管径在 8 mm 以内的轴向间隙不大于管径的 1/2；管径大于等于 10 mm的轴向间隙不大于 3 mm。
(6) 装有胶圈密封的管接头拧紧技术要求：用手将螺母拧到接头上，直到螺母与管接嘴凸缘接触为止。螺纹尺寸小于 M22×1.5，拧紧角度 60°±10°；螺纹尺寸大于 M24×1.5，拧紧角度 40°±10°。

2) 技术图样

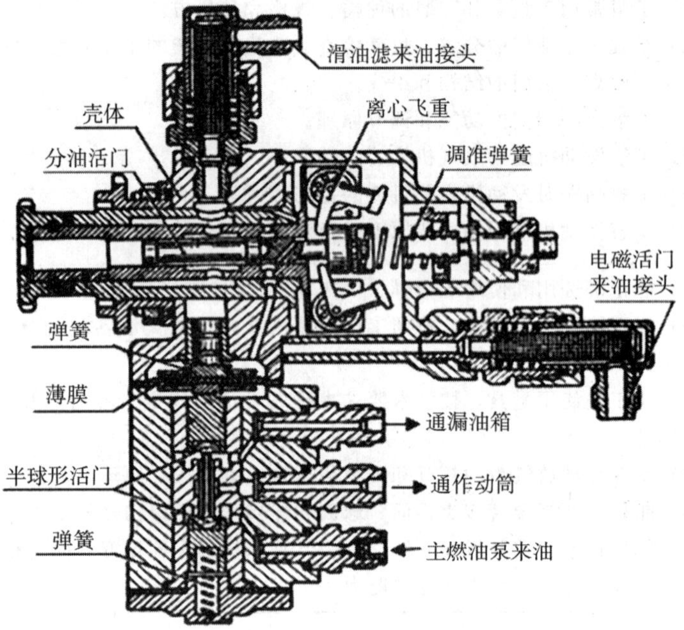


图 1　离心活门结构示意图

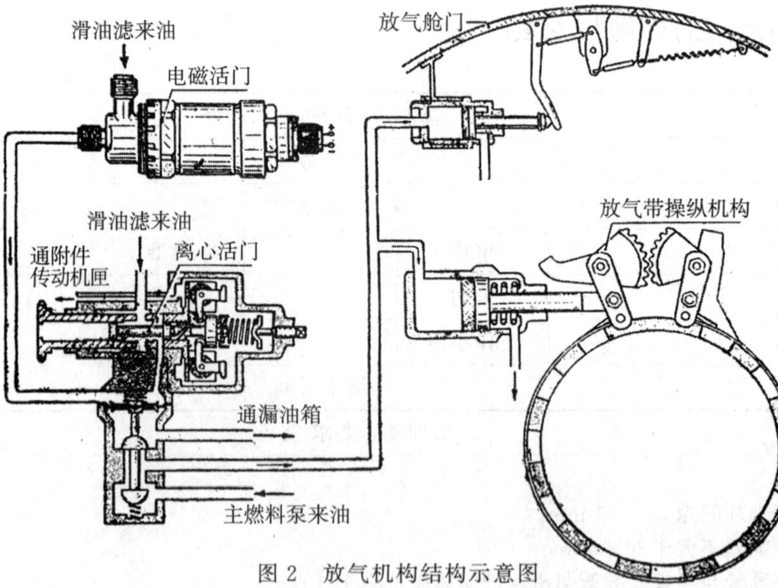


图 2　放气机构结构示意图

| 2. 工量具、设备、耗材、防护用品 | | | | |
|---|---|---|---|---|
| 类别 | 序号 | 名称 | 规格型号 | 数量 |
| 工量具 | 1 | 扭力扳手 | 5～25 N·m | 1 |
| | 2 | 放大镜 | 5～10 倍 | 1 |
| | 3 | 游标卡尺 | 0.02 mm | 1 |
| | 4 | 塞尺 | 0～2 mm | 1 |
| | 5 | 钢板尺 | 0～300 mm | 1 |
| | 6 | 斜口钳 | 150 mm | 2 |
| | 7 | 尖嘴钳 | 150 mm | 2 |
| | 8 | 开口扳手 | 9×11 $mm^2$ | 2 |
| | 9 | 开口扳手 | 10×12 $mm^2$ | 2 |
| | 10 | 开口扳手 | 14×17 $mm^2$ | 2 |
| | 11 | 套筒扳手 | $S$=9 mm | 2 |
| | 12 | 套筒扳手 | $S$=11 mm | 2 |
| | 13 | 錾子 | 专用 | 1 |
| | 14 | 铁榔头 | 250 g | 1 |
| | 15 | 一字解刀 | 200 mm | 1 |
| | 16 | 零件盒 | 通用 | 3 |
| | 17 | 废料盒 | 通用 | 1 |
| 设备 | 1 | 工作台 | 通用 | 1 |
| | 2 | 工具车 | 通用 | 1 |
| 耗材 | 1 | 签字笔 | 通用 | 1 |
| | 2 | 记号笔 | 通用 | 1 |
| | 3 | 纸胶带 | 通用 | 1 |
| | 4 | 细砂纸 | 180 号 | 1 |
| | 5 | 毛刷 | 通用 | 1 |
| | 6 | 擦布 | 通用 | 1 |
| 防护用品 | 1 | 线手套 | 通用 | 按需 |
| | 2 | 护目镜 | 通用 | 按需 |

3. 实操工作要求

1）一般要求

（1）检查量具检验合格证、有效期，量具应完好无损。

（2）检查工作场地有无多余物，应干净整洁。

| |
|---|
| (3) 按照工量具清单，检查清点工量具的数量、规格，工量具应完好无损。<br>(4) 准备工作任务单并熟读，明确工作任务，熟悉工作流程和技术标准。<br>(5) 按工作单的操作步骤完成一项签署一项，签名要工整。<br>(6) 填写数据要工整、清晰、准确，不得涂改。<br>(7) 严格按照工作单的操作工序、技术要求、注意事项进行操作。<br>(8) 安全文明操作，不得强拆强装。 |
| 4. 离心活门分解工序 |
| 1) 拆卸前的一般要求<br>(1) 检查核实离心活门的号码、型号。<br>(2) 检查离心活门外观有无损伤、缺件。<br>(3) 检查离心活门调整部位铅封、保险是否正确完好、正确。<br>(4) 检查各连接管路系统有无损伤、变形、压坑。<br>(5) 检查连接导管有无错装、漏装。 |
| 2) 导管、电磁活门拆卸<br>(1) 拆除连接离心活门导管螺母、卡箍上的保险。<br>(2) 拆下连接离心式燃油泵导管的所有卡箍、螺栓。<br>注意：<br>① 拆卸前先做好卡箍在导管安装位置上的标记。<br>② 使用双扳手拆卸，防止导管变形。<br>(3) 拆下由电磁活门来油路导管。<br>(4) 拆下由滑油滤来油路导管。<br>(5) 拆下由主燃油泵来油路导管。<br>(6) 拆下离心活门通往放气带作动筒导管。<br>(7) 拆下离心活门通往漏油箱导管。<br>注意：拆下的导管和离心活门上的裸露孔应及时进行封堵。 |
| 3) 离心活门拆卸<br>(1) 松开离心活门快卸环螺栓上锁片保险。<br>(2) 松开快卸环紧固螺栓并取下快卸环两半环。<br>(3) 小心取下离心活门。<br>注意：<br>① 离心活门和安装座上的裸露口应及时封堵。<br>② 止动垫圈不允许重复使用，更换新品止动垫圈。 |
| 5. 离心活门组件、导管故障检测 |
| 1) 离心活门和导管故障检测<br>(1) 用放大镜检查导管焊接处有无裂纹、脱焊。<br>(2) 检查管路表面有无损伤、压坑。<br>(3) 检查离心活门外观有无损伤，传动轴有无损伤、磨损。<br>(4) 检查导管螺纹接头有无滑丝、毛刺。<br>(5) 检查螺栓螺杆、螺纹有无损伤，螺纹有无滑丝、毛刺。<br>(6) 检查封严圈有无损伤、分层、掉块。 |

| 6. 离心活门安装工序 |
| --- |
| 1）安装前的一般要求<br>（1）检查核实离心活门号码、型号。<br>（2）安装导管前才允许拆下封堵，检查内腔有无多余物。<br>（3）检查各调整螺钉保险和铅封是否完好、正确。<br>（4）连接所有导管前安放新品密封圈，密封圈不应有划伤、破损、分层、毛边。 |
| 2）离心活门安装<br>（1）检查离心活门外观有无损伤，拆下封堵并检查有无多余物。<br>（2）检查附件机匣安装座传动套齿有无损伤。<br>（3）在快卸环固定螺栓上安放新品止动垫圈，将离心活门装在附件机匣安装座上，用快卸环将离心活门固定。<br>（4）将卡环两端锁紧螺栓对称、均匀、分次预紧。<br>注意：<br>① 两半环应按印记（数字）成对安装，且印记应在同一面对应的位置上。<br>② 卡环紧固螺栓预紧值不允许超过规定力矩值的要求。<br>（5）卡环锁紧螺栓打力矩（使用表盘式力矩扳手）：<br>两半环规定力矩值：9.8～14.7 N·m<br>上半环实际值：________ N·m<br>下半环实际值：________ N·m<br>（6）测量上下半环间隙差：<br>间隙差不大于：0.2 mm<br>实际值：________ mm<br>（7）检查合格后，将卡环螺栓下的锁片锁紧。<br>注意：<br>① 半环应按印记（数字）成对安装，且印记排布在同一面上。<br>② 锁紧应可靠无间隙，锁尖不应损伤。 |
| 3）离心活门导管安装<br>（1）安装由电磁活门来油路导管。<br>（2）安装由滑油滤来油路导管。<br>（3）安装由主燃油泵来油路导管。<br>（4）安装离心活门通往放气带作动筒导管。<br>（5）安装离心活门通往漏油箱导管。<br>（6）用 $\Phi$0.8 mm 耐热不锈钢丝将所有导管、螺栓锁紧，导管卡箍用止动垫圈锁紧。<br>（7）用 $\Phi$0.8 mm 黄铜保险丝将电插头锁紧。<br>注意：<br>① 更换卡箍螺栓新品止动垫圈。<br>② 在导管两端未固紧前将导管卡箍按标注位置安装且不拧紧，将导管两端拧紧后才可将卡箍拧紧。 |

4）安装后的质量检查

按照自检、互检的检查流程进行工作后的检查。

（1）检查离心活门的安装固定情况。

（2）检查所有连接导管与导管、导管与机匣的间隙应不小于 3 mm。

（3）检查各导管接头、插头、卡箍的拧紧度和安装正确性。

（4）检查各保险有无错、漏打和保险质量情况。

7. 实训任务结束

1）结束后的工作

（1）清洁导管、机件上的标记。

（2）清点工量具。

（3）清理、清扫工作现场。

（4）检查工作单的签字情况并提交工单。

8. 考核

1）实操

（1）掌握工具的选用和使用。

（2）能按照工作单的操作步骤、技术要求，完成部件和附件的分解、故障检测、装配、测量、调试、签署等工作任务。

（3）在实操过程中无错装、漏装、多装。

（4）熟知工作单的有关技术规定、工作要求、注意事项，具有发现、分析和解决问题的能力。

（5）掌握一般性故障检查、故障描述、故障分析。

（6）按基本技能技术要求对部件和附件的紧固件实施保险。

（7）完成工作任务后对所做工作进行自检，清洁整理工作现场，检查并清点工量具。

2）理论

（1）离心活门的功能是什么？

（2）放气带的打开和关闭是由哪个机构控制的？

（3）该型发动机采用中间级放气的目的是什么？

（4）发动机起动时，放气带应该打开还是关闭？

（5）该型发动机放气带的关闭转速是多少？

（6）控制放气带打开和关闭的工作介质是什么？

（7）发动机喘振对发动机内部机件有哪些影响？

（8）发动机喘振的主要原因有哪些？

（9）发动机喘振对飞行安全有哪些影响？

# 任务 4　离心式增压泵的拆卸与安装

## 1. 实训目标

| | |
|---|---|
| 知识目标 | (1) 了解常用工量具和工装的种类、规格和使用方法。<br>(2) 掌握离心式增压泵的拆装分解、故障检查、测量、装配的基本技能和理论知识。<br>(3) 识读装配图，了解离心式增压泵的内部结构、组成和装配关系。<br>(4) 了解离心式增压泵的功能和工作原理。<br>(5) 了解离心式增压泵分解、故障检查、装配的工作流程、技术要求和注意事项。 |
| 能力目标 | (1) 掌握工量具的使用方法和使用技巧。<br>(2) 能识读工艺装配图，按照工作单技术要求开展离心式增压泵的分解和装配工作。<br>(3) 掌握升压导管密封件和垫圈的装配次序。<br>(4) 能正确对升压导管的插入量、对口间隙进行检查和测量。<br>(5) 能独立完成相关导管的不同轴度的检查和校正工作。<br>(6) 能独立开展导管接头锥面、球面和连接螺纹的损伤修复工作。<br>(7) 有独立分析和解决问题的能力。 |

## 2. 离心式增压泵（LB-9）的拆卸与安装

<table>
<tr><td>题名</td><td colspan="5">离心式增压泵（LB-9）的拆卸与安装</td></tr>
<tr><td>机型</td><td colspan="2"></td><td>机号</td><td colspan="2"></td></tr>
<tr><td>工作区域</td><td colspan="2"></td><td>版本</td><td colspan="2"></td></tr>
<tr><td>编写</td><td></td><td>审核</td><td></td><td>批准</td><td></td></tr>
<tr><td>日期</td><td></td><td>日期</td><td></td><td>日期</td><td></td></tr>
<tr><td>工作台位</td><td></td><td>工作小组</td><td colspan="3"></td></tr>
<tr><td>开始时间</td><td colspan="2"></td><td>结束时间</td><td colspan="2"></td></tr>
<tr><td colspan="6">1. 实训基本要求</td></tr>
<tr><td colspan="6">1）技术要求<br>(1) 连接管子 35008508 和 35008432，用手将导管 35008508 接到燃滑油附件（SRQ-18）上，两导管间的插入量为 27～33 mm。<br>(2) 管子 0900964 在离心式燃油泵（LB-9）定压活门管接头内在导管拧紧情况下的插入量为 4～7 mm。<br>(3) 所有连接导管与导管、导管与机匣的间隙应不小于 3 mm。</td></tr>
</table>

(4) 导管不同心度技术要求：导管外径为 6～10 mm，长度大于 100 mm 时，不大于 5 mm；导管外径为 10～20 mm，长度大于 100 mm 时，不大于 4 mm。

注意：

① 允许用夹布胶木棒（板）校正导管，校正量不大于 2 mm。

② 校正后的导管用放大镜检查焊缝处有无裂纹。

(5) 安装导管过盈量技术要求：导管一端与配件连接固定，另一端不连接，为自由状态，管接头端面轴向间隙不大于 3 mm。管径在 8 mm 以内的轴向间隙不大于管径的 1/2。管径大于等于 10 mm的轴向间隙不大于 3 mm。

(6) 装有胶圈密封的管接头拧紧技术要求：用手将螺母拧到接头上，直到螺母与管接嘴凸缘接触为止。螺纹尺寸小于 M22×1.5，拧紧角度 60°±10°；螺纹尺寸大于 M24×1.5，拧紧角度 40°±10°。

2) 技术图样

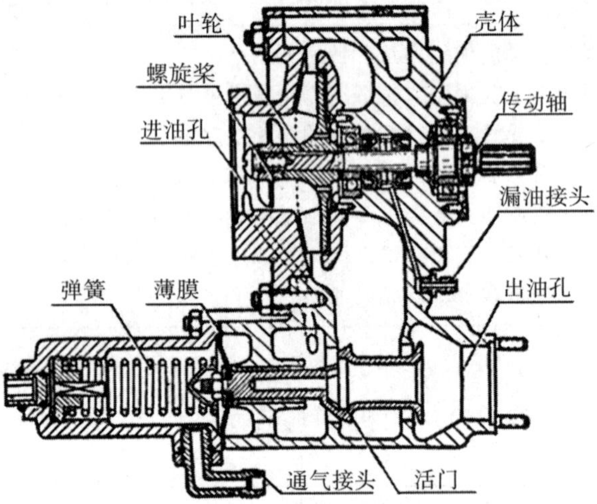


图 1 离心增压泵内部结构示意图

2. 工量具、设备、耗材、防护用品

| 类别 | 序号 | 名称 | 规格型号 | 数量 |
|---|---|---|---|---|
| 工量具 | 1 | 游标卡尺 | 0.02 mm | 1 |
| | 2 | 扭力扳手（表盘式） | 0～50 N·m | 1 |
| | 3 | 塞尺 | 0～2 mm | 1 |
| | 4 | 钢板尺 | 0～300 mm | 1 |
| | 5 | 斜口钳 | 150 mm | 2 |
| | 6 | 尖嘴钳 | 150 mm | 2 |
| | 7 | 开口扳手 | 9×11 $mm^2$ | 2 |
| | 8 | 开口扳手 | 10×12 $mm^2$ | 2 |
| | 9 | 开口扳手 | 14×17 $mm^2$ | 2 |
| | 10 | 套筒扳手 | S=9 mm | 2 |

| 类别 | 序号 | 名称 | 规格型号 | 数量 |
|---|---|---|---|---|
| 工量具 | 11 | 套筒扳手 | $S=11$ mm | 2 |
| | 12 | 錾子 | 专用 | 1 |
| | 13 | 铁榔头 | 250 g | 1 |
| | 14 | 一字解刀 | 200 mm | 1 |
| | 15 | 零件盒 | 通用 | 3 |
| | 16 | 废料盒 | 通用 | 1 |
| | 17 | 放大镜 | 5～10 倍 | 1 |
| 设备 | 1 | 工作台 | 通用 | 1 |
| | 2 | 工具车 | 通用 | 1 |
| 耗材 | 1 | 签字笔 | 通用 | 1 |
| | 2 | 记号笔 | 通用 | 1 |
| | 3 | 纸胶带 | 通用 | 1 |
| | 4 | 细砂纸 | 180 号 | 1 |
| | 5 | 毛刷 | 通用 | 1 |
| | 6 | 擦布 | 通用 | 1 |
| 防护用品 | 1 | 线手套 | 通用 | 按需 |
| | 2 | 护目镜 | 通用 | 按需 |

### 3. 实操工作要求

1）一般要求

(1) 检查量具检验合格证、有效期，量具应完好无损。

(2) 检查工作场地有无多余物，应干净整洁。

(3) 按照工量具清单，检查清点工量具的数量、规格，工量具应完好无损。

(4) 准备工作任务单并熟读，明确工作任务，熟悉工作流程和技术标准。

(5) 按工作单的操作步骤完成一项签署一项，签名要工整。

(6) 填写数据要工整、清晰、准确，不得涂改。

(7) 严格按照工单的操作工序、技术要求、注意事项进行操作。

(8) 安全文明操作，不得强拆强装。

### 4. 离心式增压泵（LB-9）拆卸工序

1）拆卸前的一般要求

(1) 检查核实离心式增压泵的型号、号码。

(2) 检查离心式增压泵调整部位铅封、保险是否完好、正确。

(3) 检查离心式增压泵有无损伤、缺件。

(4) 检查各连接管路系统导管有无损伤、变形、压坑。

| |
|---|
| 2）导管拆卸<br>（1）拆除连接离心式燃油泵螺帽、卡箍上的保险。<br>（2）拆下连接离心式燃油泵上导管所有卡箍、螺栓。<br>注意：<br>① 拆卸前先做好卡箍在导管安装位置上的标记。<br>② 使用双扳手拆卸，防止导管变形。<br>（3）拆卸减压活门漏油管。<br>（4）拆卸离心式燃油泵漏油管。<br>（5）拆卸离心式燃油泵出口连接升压管上的锁紧螺母。<br>（6）用月牙扳手松开从离心式燃油泵通燃滑油附件（SRQ-18）的燃油管。 |
| 3）离心式燃油泵拆卸<br>（1）将离心式增压泵固定长螺栓（5 根）上的锁片保险松开，然后松开螺栓锁紧螺母并取下。<br>（2）将离心式燃油泵从发动机附件机匣安装座上取下。<br>（3）将离心式燃油泵和导管上的裸露孔及时封堵。<br>注意：<br>① 拆卸前先做好卡箍在导管安装位置上的标记。<br>② 切勿松动燃油泵上的短螺母。 |
| 5. 离心式增压泵（LB-9）组件、导管故障检测工序 |
| 1）离心式增压泵（LB-9）和导管的故障检测<br>（1）检查离心式增压泵外观有无损伤，传动轴有无损伤、磨损、变形。<br>（2）检查离心式增压泵离心叶轮有无损伤、变形。<br>（3）用放大镜检查导管焊缝处有无裂纹、脱焊。<br>（4）检查导管表面有无损伤、压坑、裂纹。<br>（5）检查导管锥形面、螺纹接头有无损伤、滑丝、毛刺。<br>注意：<br>① 离心增压泵拆下后应用石蜡纸及时包扎封堵。<br>② 止动垫圈不允许重复使用，更换止动垫圈。<br>③ 密封胶圈不允许重复使用，更换新品密封圈。 |
| 6. 离心式增压泵（LB-9）安装工序 |
| 1）安装前的一般要求<br>（1）检查核实离心式增压泵号码、型号。<br>（2）检查离心式增压泵外观有无损伤，传动轴有无变形、损伤。<br>（3）安装前才允许拆下封堵，检查内腔有无多余物。<br>（4）检查各调整螺钉保险和铅封是否完好、正确。<br>（5）连接所有导管前安放新品密封圈，密封圈不应有划伤、破损、分层、毛边。 |

| |
|---|
| 2）离心增压泵的安装<br>(1) 拆下附件机匣安装座上的封堵。<br>(2) 检查发动机附件机匣内离心式燃油泵的传动装置有无损伤和多余物。<br>(3) 将离心式燃油泵小心装入附件机匣上的 5 根长螺栓中，装入止动垫圈、紧固螺母，将螺母对称、均匀、分次预紧。<br>注意：<br>① 螺母预紧值不允许超过力矩规定值。<br>② 5 根螺栓上的紧固螺母均需打力矩。<br>(4) 离心式燃油泵紧固螺母打力矩：<br>规定力矩值：7.85～9.81 N·m<br>实际值：________N·m<br>(5) 将螺栓螺母上的保险锁紧。 |
| 3）导管安装<br>(1) 安装导管时，拆下封堵，检查导管内腔有无多余物。<br>(2) 将通燃滑油附件（SRQ-18）的燃油升压管 35008432 连接到离心式燃油泵上。<br>① 在大螺母 3500456 内放入垫圈 3524127，放入封严圈 6725013，放入第二个垫圈 3524127、第二个封严圈 6725013，套入通燃滑油附件（SRQ-18）的燃油导管 35008508 上。<br>② 连接管子 35008508 和 35008432，用手将导管 35008508 接到燃滑油附件（SRQ-18）上，检查两导管间的插入量为 27～33 mm。<br>③ 测量合格后，在安装座下放入封严圈 0925025，将导管 35008508 接到燃滑油附件（SRQ-18）上，放上垫圈 3524008，然后用 4 个螺母 3521319 固定导管。<br>注意：升压管与离心式增压泵之间的间隙，在拉紧状态下，允许不大于 0.3 mm。<br>(3) 在导管结合处安放新品封严圈，将下列导管连接在离心式燃油泵上：离心式增压油泵漏油管，减压活门漏油管。<br>① 将离心式增压泵传动装置漏油管 35008357 连接在管子 0900964 的管接头和油泵上，并在连接处装上封严圈 6725011。<br>② 检查管子 0900964 在离心式增压泵定压活门管接头内的插入量，在导管拧紧的情况下检查。<br>注意：安装导管前，在距导管端面 40 mm 处做标记，以便测量插入量。<br>规定插入量：4～7 mm<br>实测值：________mm<br>(4) 用 $\Phi$0. mm 不锈钢丝锁紧离心式燃油泵和减压活门漏油管上的螺帽。<br>注意：<br>① 通燃滑油附件（SRQ-18）燃油导管安装边的规定螺帽应成对锁紧。<br>② 在导管两端未固紧前将导管卡箍按标注位置安装且不拧紧，将导管两端拧紧后才可将卡箍拧紧。 |
| 4）安装后质量检查<br>按自检、互检的检查流程进行工作后的检查。<br>(1) 检查离心式增压泵安装的固定情况。<br>(2) 检查所有连接导管与导管、导管与机匣的间隙应不小于 3 mm。<br>(3) 检查各导管接头、插头、卡箍的拧紧度和安装正确性。<br>(4) 检查各保险有无错、漏打和保险质量情况。 |

| 7. 实训任务结束 |
|---|
| 结束后的工作：<br>(1) 清洁导管、机件上的标记。<br>(2) 清点工量具。<br>(3) 清理、清扫工作现场。<br>(4) 检查工作单签字情况并提交工单。 |
| 8. 考核 |
| 1) 实操<br>(1) 掌握工具的选用和使用。<br>(2) 能按照工作单的操作步骤、技术要求，完成部件和附件的分解、故障检测、装配、测量、调试、签署等工作任务。<br>(3) 在实操过程中无错装、漏装、多装。<br>(4) 熟知工作单的有关技术规定、工作要求、注意事项，具有发现、分析和解决问题的能力。<br>(5) 掌握一般性故障检查、故障描述、故障分析。<br>(6) 按基本技能技术要求对部件和附件的紧固件实施保险。<br>(7) 完成工作任务后对所做工作进行自检，清洁整理工作现场，检查并清点工量具。 |
| 2) 理论<br>(1) 简述离心式增压泵的功能。<br>(2) 简述离心式增压泵的增压原理。<br>(3) 简述离心式增压泵的组成。 |

# 任务 5　燃滑油散热器的拆卸与安装

## 1. 实训目标

| | |
|---|---|
| 知识目标 | (1) 了解常用工量具和工装的种类、规格和使用方法。<br>(2) 掌握燃滑油散热器的分解、故障检查、测量、装配的基本技能和理论知识。<br>(3) 掌握燃滑油散热器装配、故障检查、修理、装配的工作流程和技术要求。<br>(4) 了解导管安装同轴度、过盈量的技术要求、允许范围和校正方法。<br>(5) 了解燃滑油散热器的结构和组成。<br>(6) 了解燃滑油散热器的功能和散热原理。<br>(7) 了解滑油箱内的倒飞机构在飞机做特技飞行时的作用。 |
| 能力目标 | (1) 掌握常用工量具的正确使用方法和使用技巧。<br>(2) 能按工作单技术要求开展燃滑油散热器的分解、故障检查和安装工作。<br>(3) 能按工作单技术要求对各燃油导管的不同轴度进行检查和校正工作。<br>(4) 能识读软硬管装配图，依据技术要求，开展导管在胶管中的插入量、对口间隙的检查、测量和调整工作。<br>(5) 能熟记装配图中各零组件图号，掌握零组件的装配位置和装配技术要求。<br>(6) 能独立开展导管接头锥面、球面和连接螺纹的损伤修复工作。<br>(7) 有独立分析和解决问题的能力。 |

## 2. 燃滑油散热器（SRQ-18）的拆卸与安装

<table>
<tr><td>题名</td><td colspan="5">燃滑油散热器（SRQ-18）的拆卸与安装</td></tr>
<tr><td>机型</td><td colspan="2"></td><td>机号</td><td colspan="2"></td></tr>
<tr><td>工作区域</td><td colspan="2"></td><td>版本</td><td colspan="2"></td></tr>
<tr><td>编写</td><td></td><td>审核</td><td></td><td>批准</td><td></td></tr>
<tr><td>日期</td><td></td><td>日期</td><td></td><td>日期</td><td></td></tr>
<tr><td>工作台位</td><td></td><td>工作小组</td><td colspan="3"></td></tr>
<tr><td>开始时间</td><td colspan="2"></td><td>结束时间</td><td colspan="2"></td></tr>
<tr><td colspan="6">1. 实训基本要求</td></tr>
<tr><td colspan="6">1）技术要求<br>(1) 分解前首先对所拆卸的机件、各管路、电路系统的保险进行拆除。<br>(2) 螺纹连接件拧紧时，应对称、分次预拧紧，按顺序逐步拧紧全部螺纹连接件。<br>(3) 用手将螺母拧到接头上，直到螺母与管接嘴（或凸缘）接触为止，然后拧紧螺母。螺栓拧紧时，如有紧涩、卡滞现象，不得强行拧入。</td></tr>
</table>

(4) 使用双扳手拆卸和装配机件。
(5) 滑油通风管的导管插入量为 13～18 mm。
(6) 燃滑油散热器滑油进油管的导管插入量为 13～18 mm。
(7) 在紧固螺钉拧紧状态下，增压管和燃滑油散热器安装边的间隙不大于 0.3 mm。

2) 技术图样：

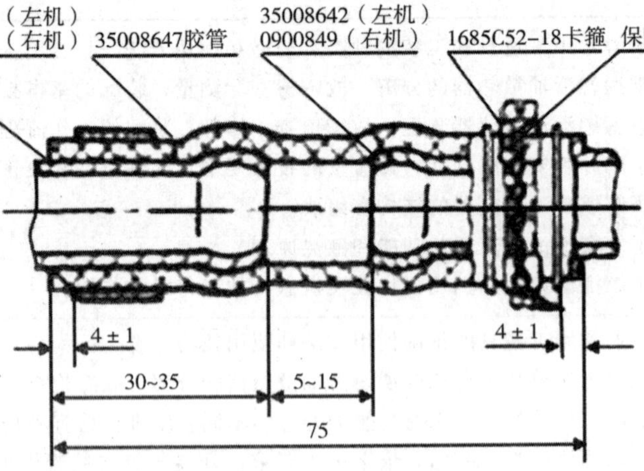


图 1　胶管安装示意图

2. 工量具、设备、耗材、防护用品

| 类别 | 序号 | 名称 | 规格型号 | 数量 |
|---|---|---|---|---|
| 工量具 | 1 | 塞尺 | 0～2 mm | 1 |
| | 2 | 钢板尺 | 0～300 mm | 1 |
| | 3 | 斜口钳 | 150 mm | 1 |
| | 4 | 尖嘴钳 | 150 mm | 1 |
| | 5 | 开口扳手 | 5×7 $mm^2$ | 2 |
| | 6 | 开口扳手 | 9×11 $mm^2$ | 2 |
| | 7 | 开口扳手 | 19×22 $mm^2$ | 2 |
| | 8 | 开口扳手 | 27×30 $mm^2$ | 2 |
| | 9 | 套筒扳手 | $S$=9 mm | 2 |
| | 10 | 套筒扳手 | $S$=11 mm | 2 |
| | 11 | 花键扳手 | 专用 | 1 |
| | 12 | 铁榔头 | 250 g | 1 |
| | 13 | 一字解刀 | 200 mm | 1 |
| | 14 | 零件盒 | 通用 | 3 |
| | 15 | 废料盒 | 通用 | 1 |
| | 16 | 放大镜 | 5～10 倍 | 1 |

| 类别 | 序号 | 名称 | 规格型号 | 数量 |
|---|---|---|---|---|
| 设备 | 1 | 工作台 | 通用 | 1 |
| | 2 | 工具车 | 通用 | 1 |
| 耗材 | 1 | 签字笔 | 通用 | 1 |
| | 2 | 记号笔 | 通用 | 1 |
| | 3 | 纸胶带 | 通用 | 1 |
| | 4 | 细砂纸 | 180 号 | 1 |
| | 5 | 毛刷 | 通用 | 1 |
| | 6 | 擦布 | 通用 | 1 |
| 防护用品 | 1 | 线手套 | 通用 | 按需 |
| | 2 | 护目镜 | 通用 | 按需 |

### 3. 实操工作要求

1）一般要求

（1）检查量具检验合格证、有效期，量具应完好无损。

（2）检查工作场地有无多余物，应干净整洁。

（3）按照工量具清单，检查清点工量具的数量、规格，工量具应完好无损。

（4）准备工作任务单并熟读，明确工作任务，熟悉工作流程和技术标准。

（5）按工作单的操作步骤完成一项签署一项，签名要工整。

（6）填写数据要工整、清晰、准确，不得涂改。

（7）严格按照工作单的操作工序、技术要求、注意事项进行操作。

（8）安全文明操作，不得强拆强装。

### 4. 燃滑油散热器（SRQ-18）拆卸工序

1）拆卸前的一般要求

（1）检查核实燃滑油散热器的型号、号码。

（2）检查燃滑油散热器加油开关铅封、保险是否完好、正确。

（3）检查燃滑油散热器有无损伤、缺件。

（4）检查各连接管路系统导管有无损伤、变形、压坑。

（5）检查橡胶管有无老化、破损、裂纹。

2）燃滑油散热器的拆卸。

（1）拆下燃滑油散热器连接导管、螺母、卡箍上的保险。

（2）拆下导管上的所有卡箍。

注意：拆卸前先做好卡箍在导管上安装位置的标记。

（3）拆下燃滑油散热器通往燃油泵（LB-9）的导管螺帽，取下封严圈。

（4）拆下燃滑油散热器通往主泵、加力泵的燃油出油导管。

（5）从燃滑油散热器上拆下进入燃滑油散热器的进油管、滑油箱的滑油出油管、发动机左（右）机油箱的滑油放油管和滑油通风管。

（6）松开固定燃滑油散热器油箱的拉紧螺栓，拆下卡箍，取下垫片，从支架上取下燃滑油散热器。

注意：拆下导管的管口和燃滑油散热器上裸露的孔应及时封堵。

**5．燃滑油散热器零组件故障检测工序**

1）燃滑油散热器零组件、导管的故障检测

（1）用放大镜检查导管焊接处有无裂纹、脱焊。

（2）检查燃滑油散热器外观有无损伤、压坑、裂纹，结合部位焊缝处有无渗漏。

（3）检查管路表面有无损伤、压坑、变形、裂纹。

（4）检查导管螺纹接头锥形面有无划伤、毛刺。

（5）检查螺栓螺杆、螺纹有无变形、滑丝、毛刺。

（6）检查橡胶管有无老化、分层、裂纹。

注意：

① 止动垫圈不允许重复使用，需更换新品止动垫圈。

② 密封胶圈不允许重复使用，需更换新品密封圈。

**6．燃滑油散热器（SRQ-18）安装工序**

1）安装前的一般要求

（1）检查核实燃滑油散热器的型号、号码。

（2）安装前拆下封堵，检查管口内腔有无多余物。

（3）连接所有导管前安放新品密封圈，密封圈不应有划伤、破损、分层、毛边。

（4）检查燃滑油散热器的清洁情况，外部不应有损伤、压坑。

（5）检查导管有无损伤、压坑、变形。

（6）更换新品密封圈，密封圈不应有划伤、破损、分层、毛边。

注意：

① 燃滑油散热器在右机发动机上，装有从燃油滤左面放燃油的放油活门。

② 燃滑油散热器在左机发动机上，装有从燃油滤右面放燃油的放油活门。

③ 发动机机号最后一位是奇数则是左机发动机，偶数则是右机发动机。

2）燃滑油散热器安装

（1）在支架箍带 35008091/8092 上放置胶垫 3125402。

（2）将燃滑油散热器安装到支架上。

（3）用增加垫片 0924006 的方法调整散热器的水平，当增加垫片 3124011 时，应换长螺钉 2520044，增加垫片厚度不超过 2 mm。

（4）用箍带拉紧螺栓 3126212 将燃滑油散热器固紧。

（5）用 $\Phi$0.8 mm 不锈钢丝对螺栓进行保险。

注意：箍带拉紧螺栓有左右螺纹之分，注意保险丝的拉紧方向。

3）导管的安装

（1）在导管结合处放好封严圈。

（2）安装滑油通风管，并检查导管在胶管中的插入量、对口间隙。

注意：检查下列间隙前可在导管距端面 40 mm 处做上标记，便于计算测量。

① 检查导管插入量：

规定值：30～35 mm

实测值：________mm

② 检查导管与导管之间的对口间隙：

规定值：5～15 mm

实测值：________mm

| |
|---|
| ③ 检查卡箍与胶管端面的尺寸：<br>规定值：4±1 mm<br>实测值：________mm<br>(3) 安装滑油箱出油管。<br>(4) 安装进入燃滑油散热器的滑油进油管，检查导管在胶管中的插入量、对口间隙。<br>① 检查导管插入量：<br>规定值：30～35 mm<br>实测值：________mm<br>② 检查计算导管 0900849 与导管 3500850 之间的对口间隙：<br>规定值：5～15 mm<br>实测值：________mm<br>③ 检查卡箍与胶管端面的尺寸：<br>规定值：4±1 mm<br>实测值：________mm<br>(5) 左、右机装置油箱的滑油放油管安装：<br>① 安装滑油放油管 35008850（左机用 35008644），连接于导管 0900849（左机用 35008642）上，再与燃滑油散热器附件接头连接。<br>② 用橡胶套管 35008647 将管子 35008850（左机用 35008644）与管子 0900849（左机用 35008642）连接，套管用两个卡箍 1685C52-18 固定于管子上。<br>管子 35008850（左机用 35008644）与管子 0900849（左机用 35008642）的对接处间隙为 5～15 mm。<br>③ 管子 35008850（左机用 35008644）与燃滑油散热器附件的管接头连接，连接处装上封严圈 0625018，然后拧紧。<br>注意：对接管子应对称放置，为此，在距管子端头 40 mm 处做上标记线，对准标记线安装套管。<br>④ 检查测量导管对接间隙。<br>规定值：5～15 mm<br>实测值：________mm<br>(6) 将通往离心增压泵（LB-9）、加力泵（ZB-11A）、主泵（ZB-10A）的燃油出油管连接在燃滑油散热器上，安装边先放上封严圈、垫圈，并固定。<br>注意：在紧固螺钉拧紧状态下，增压管和燃滑油散热器安装边的间隙不大于 0.3 mm。<br>(7) 用 $\Phi$0.8 mm 不锈钢丝锁紧导管的螺帽，固定供油和出油管安装边的螺帽，固定燃滑油散热器于支架上卡箍的拉紧螺栓。<br>注意：供油管、出油管和支架卡箍固定螺帽成对锁紧。<br>(8) 检查所有连接导管与导管、导管与机匣的间隙，各管接头、插头、卡箍的紧度及保险。<br>(9) 按规定往燃滑油散热器加入滑油。 |
| 4) 燃滑油散热器安装后的质量检查<br>按自检、互检的检查流程进行工作后的检查。<br>(1) 检查燃滑油散热器安装固定情况。<br>(2) 检查所有连接导管与导管、导管与机匣的间隙应不小于 3 mm。<br>(3) 检查各导管接头、插头、卡箍的拧紧度和安装正确性。<br>(4) 检查各保险有无错、漏打和保险质量情况。 |

| 7. 实训任务结束 |
| --- |
| 1）结束后的工作<br>（1）清洁导管、机件上的标记。<br>（2）清点工量具。<br>（3）清理、清扫工作现场。<br>（4）检查工作单的签字情况并提交工单。 |
| 8. 考核 |
| 1）实操<br>（1）掌握工具的选用和使用。<br>（2）能按照工作单的操作步骤、技术要求，完成部件和附件的分解、故障检测、装配、测量、调试、签署等工作任务。<br>（3）在实操过程中无错装、漏装、多装。<br>（4）熟知工作单的有关技术规定、工作要求、注意事项，具有发现、分析和解决问题的能力。<br>（5）掌握一般性故障检查、故障描述、故障分析。<br>（6）按基本技能技术要求对部件和附件的紧固件实施保险。<br>（7）完成工作任务后对所做工作进行自检，清洁整理工作现场，检查并清点工量具。 |
| 2）理论<br>（1）简述燃滑油附件的组成。<br>（2）简述滑油箱内倒飞机构的功能。<br>（3）滑油为什么要进行散热？<br>（4）滑油散热器是利用什么介质来进行散热的？<br>（5）简述滑油散热器的散热原理。<br>（6）经滑油散热器流出的滑油如何实现油气分离？<br>（7）散热器安全活门的作用是什么？ |

# 任务 6 发动机油门操纵系统的拆卸与装调

## 1. 实训目标

| | |
|---|---|
| 知识目标 | （1）了解常用工量具和工装的种类、规格和使用方法。<br>（2）掌握油门操纵系统分解、故障检查、测量、装配的基本技能和理论知识。<br>（3）掌握油门操纵系统检查和调整的技术要求。<br>（4）掌握油门操纵系统装配、故障检查、修理的工作流程和技术要求。<br>（5）了解油门操纵系统的组成、功能和调整原理。<br>（6）了解油门操纵系统对飞机操控和飞行安全的影响。 |
| 能力目标 | （1）能正确使用工量具和专用工装，并掌握使用技巧。<br>（2）能识读工艺装配图，按照技术要求开展油门操纵系统的分解和装配工作。<br>（3）能熟记装配图中各零组件图号，掌握零组件的装配位置和装配技术要求。<br>（4）能按照工作单的技术要求、工作步骤，开展油门操纵系统的联调。<br>（5）能通过操纵盒电门通断声音判断电门是否接通。<br>（6）掌握油门摇臂和拉杆之间的传动关系，能迅速完成“停车”和“额定”状态角度的调整。<br>（7）有独立分析和解决问题的能力。 |

## 2. 油门操纵系统的拆卸与装调

| | | | | | |
|---|---|---|---|---|---|
| 题名 | 油门操纵系统的拆卸与装调 | | | | |
| 机型 | | | 机号 | | |
| 工作区域 | | | 版本 | | |
| 编写 | | 审核 | | 批准 | |
| 日期 | | 日期 | | 日期 | |
| 工作台位 | | 工作小组 | | | |
| 开始时间 | | | 结束时间 | | |
| 1. 实训基本要求 | | | | | |
| 1）技术要求<br>（1）当操纵盒（KZH-1）的杠杆拉到“停车”位置时，主泵（ZB-10A）的杠杆应在“停车”止动钉上。<br>（2）当操纵盒（KZH-1）的杠杆移动 90°±1°时，主泵（ZB-10A）的杠杆应在“额定”状态止动钉上。<br>（3）当操纵盒（KZH-1）的杠杆从 0°移动到 90°时，检查操纵箱内电门接通、断开的响声。 | | | | | |

(4) 油门操纵系统应灵活，不松脱，不碰撞（不与其他机件碰撞）。
(5) 拉杆调整后，通过检验孔 B 检查拉杆内耳环的进入量，此时，用保险丝插入 B 孔，保险丝不允许通过 B 孔。

2) 技术图样

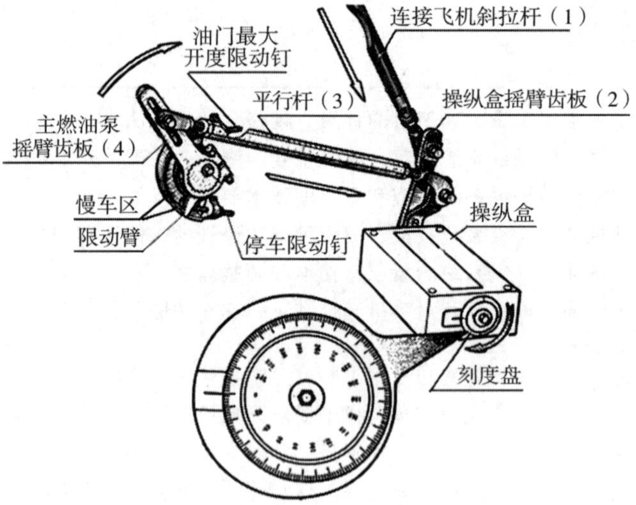

图 1 油门摇臂和平行杆协同调整示意图

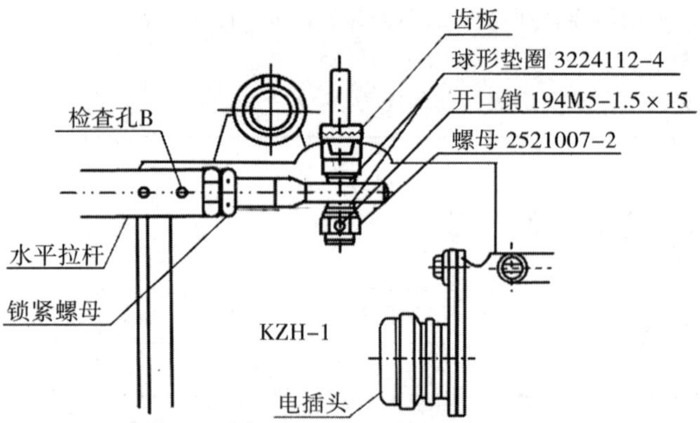

图 2 操纵盒与油门拉杆连接示意图

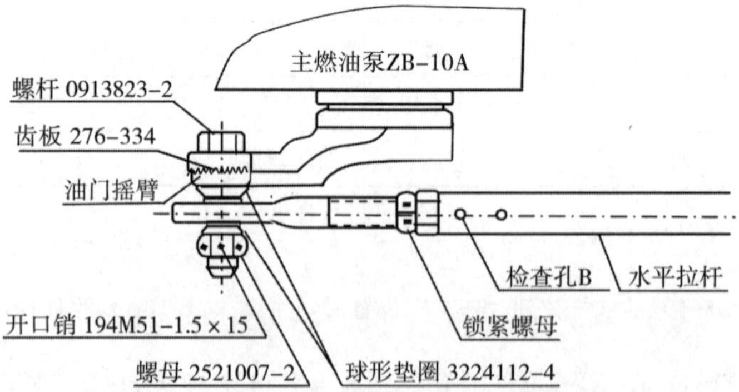

图 3 燃油泵摇臂与拉杆连接示意图

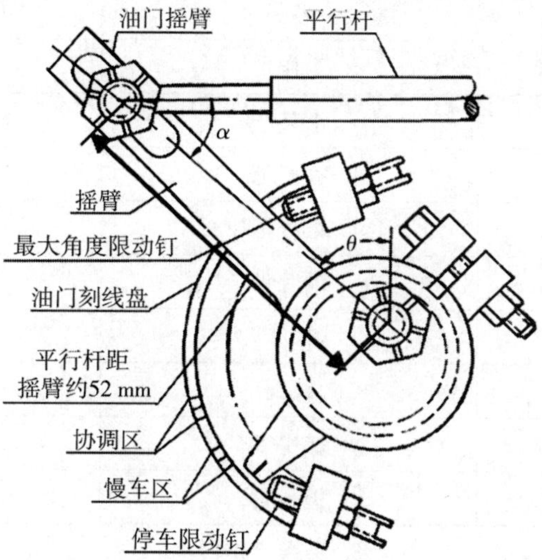


图 4 平行杆在燃油泵摇臂上的安装位置示意图

2. 工量具、设备、耗材、防护用品

| 类别 | 序号 | 名称 | 规格型号 | 数量 |
| --- | --- | --- | --- | --- |
| 工量具 | 1 | 游标卡尺 | 0.02 mm | 1 |
| | 2 | 塞尺 | 0～2 mm | 1 |
| | 3 | 钢板尺 | 0～300 mm | 1 |
| | 4 | 放大镜 | 5～10 倍 | 1 |
| | 5 | 斜口钳 | 150 mm | 1 |
| | 6 | 尖嘴钳 | 150 mm | 1 |
| | 7 | 锁片钳 | 专用 | 1 |
| | 8 | 花键扳手 | 专用 | 1 |
| | 9 | 花键扳手 | 专用 | 1 |
| | 10 | 开口扳手 | $9\times11\ mm^2$ | 2 |
| | 11 | 开口扳手 | $10\times12\ mm^2$ | 2 |
| | 12 | 开口扳手 | $14\times17\ mm^2$ | 1 |
| | 13 | 套筒扳手 | $S=9$ mm | 1 |
| | 14 | 錾子 | 专用 | 1 |
| | 15 | 铁榔头 | 250 g | 1 |
| | 16 | 一字解刀 | 200 mm | 1 |
| | 17 | 零件盒 | 通用 | 3 |
| | 18 | 废料盒 | 通用 | 1 |

| 类别 | 序号 | 名称 | 规格型号 | 数量 |
|---|---|---|---|---|
| 设备 | 1 | 工作台 | 通用 | 1 |
| | 2 | 工具车 | 通用 | 1 |
| 耗材 | 1 | 签字笔 | 通用 | 1 |
| | 2 | 记号笔 | 通用 | 1 |
| | 3 | 纸胶带 | 通用 | 1 |
| | 4 | 擦布 | 通用 | 1 |
| | 5 | 线绳 | 通用 | 按需 |
| 防护用品 | 1 | 线手套 | 通用 | 按需 |
| | 2 | 护目镜 | 通用 | 按需 |

3. 实操工作要求

1）一般要求

(1) 检查量具检验合格证、有效期，量具应完好无损。

(2) 检查工作场地有无多余物，应干净整洁。

(3) 按照工量具清单，检查清点工量具的数量、规格，工量具应完好无损。

(4) 准备工作任务单并熟读，明确工作任务，熟悉工作流程和技术标准。

(5) 按工作单的操作步骤完成一项签署一项，签名要工整。

(6) 填写数据要工整、清晰、准确，不得涂改。

(7) 严格按照工作单的操作工序、技术要求、注意事项进行操作。

(8) 安全文明操作，不得强拆强装。

4. 油门操纵系统组件拆卸工序

1）拆卸前的一般要求

(1) 检查油门操纵摇臂推拉是否灵活、有无卡滞。

(2) 检查操纵拉杆（35138054）有无损伤、弯曲变形，螺纹连接件是否完好无损。

(3) 核实平行推拉杆中间部位标注的发动机机号。

(4) 检查操纵系统组件有无缺件、损伤。

2）油门操纵组件的拆卸

(1) 拆除油门拉杆两端紧固螺母上的开口销。

(2) 松开操纵盒摇臂拉杆耳环上的紧固螺母并取下。

(3) 取下球形垫圈。

(4) 从螺栓上移除油门拉杆耳环，将拉杆耳环球头用线绳拴住以防球头脱落。

(5) 松开主燃油泵油门摇臂拉杆耳环上的紧固螺母并取下。

(6) 从摇臂螺栓上取下球形垫圈。

(7) 从摇臂螺栓上移除油门拉杆耳环，将拉杆耳环球头用线绳拴住以防球头脱落。

(8) 用双扳手固定油门拉杆，松开耳环接头紧固螺钉，旋出连接耳环，用同样方法拆除另一端接头。

| 5. 油门操纵系统组件故障检测 |
| --- |
| 1）操纵系统组件故障检测<br>（1）检查平行杆表面有无损伤、裂纹、变形等异常情况。<br>（2）检查平行杆接头螺纹部分有无损伤。<br>（3）检查平行杆接耳接头的活动球头有无锈蚀、划伤、卡滞，转动是否灵活。<br>（4）检查油门摇臂、操纵盒摇臂齿板和齿条板有无压伤。 |
| **6. 油门操纵系统组件装配工序** |
| 1）装配前的一般要求<br>（1）检查平行杆有无损伤、变形。<br>（2）将平行杆接耳接头上的线绳拆除，检查转动球头是否灵活。<br>（3）在平行杆接耳活动球头和孔内上涂抹一层润滑脂。 |
| 2）油门平行杆组件的装配<br>（1）将接耳接头同时旋入平行杆两端螺纹孔中（保持两端旋入量一致），旋入量要超过平行杆上的检查孔 B。<br>（2）将平行杆上左螺纹的一端朝向发动机的前方（顺航向看），右螺纹向后，在螺杆上安装球形垫片，装入状态操纵盒（KZH-1）摇臂。<br>注意：平行杆两端螺纹有左右螺纹之分，可用左右手定则来判断。 |
| 3）油门平行杆在燃油泵和操纵盒上的安装<br>（1）在螺杆（0913823-2）上安装垫片，装入操纵盒摇臂孔内，安装球形垫圈（3224112-4）、油门平行杆、第二个球形垫圈（3224112-4）、螺母（2521007-2）并锁紧。<br>注意：操纵盒摇臂齿板连接飞机斜拉杆，此工步无需安装。<br>（2）将主燃油泵（ZB-10A）的油门摇臂放置在“停车”位置，安装齿板（276-334）、螺杆（0913823-2）、球形垫圈（3224112-4）、油门平行杆、第二个球形垫圈（3224112-4）。<br>（3）将平行杆移动到主燃油泵摇臂距转轴半径约 52 mm 处连接杠杆，安放平垫圈、固紧螺母。<br>此时，操纵盒（KZH-1）的杠杆也在“停车”位置上，杠杆上的标线与操纵盒（KZH-1）杠杆上的标线应重合。<br>注意：<br>① 齿条板与油门摇臂齿板对应啮合，不得偏斜。<br>② 球形垫圈的球面（凸面）应朝向油门拉杆耳环轴承方向，否则会造成油门操纵系统紧涩。 |
| **7. 油门操纵系统调整与检查工序** |
| 1）油门操纵系统的调整<br>（1）将操纵盒（KZH-1）的杠杆从“停车”位置移动到“额定”状态，刻度为 90°±1°（按操纵箱分度盘检查）。此时，主燃油泵（ZB-10A）的杠杆应在“额定”止动销处。<br>（2）改变主燃油泵（ZB-10A）齿板的半径及平行杆的长度时，转动摇臂进行调节，使主泵（ZB-10A）的杠杆在“停车”及“额定”标线上的位置和操纵盒（KZH-1）的杠杆在分度盘“停车”及 90°上的位置相重合。<br>（3）如果“停车”位置和“额定”状态的刻度不符合要求，可通过齿板的半径和平行杆的长度进行调整。 |

① 调整操纵盒刻度盘的总转角。
调齿板，改变传动比，将操纵盒刻度盘的总转角调到规定值（68°～91°）。齿板上移，传动比变小，“额定”状态刻度变大；下移齿板，则相反。每改变齿板一个齿，“停车”刻度和“额定”状态刻度值改变约 1°，总转角改变 2°。
② 检查和调整“停车”刻度。
调好总转角后，应检查“停车”刻度是否符合要求。如“停车”刻度不符合，则用平行杆进行调整。“停车”刻度偏大时，应调短平行杆。如果停车刻度偏小，则应调长平行杆。每调 1/2 圈，改变刻度约 1.5°。当“停车”刻度和总转角都调好后，“额定”状态刻度则符合要求。
若“停车”刻度为 0°，“额定”刻度为 84°，总转角只有 84°，小于规定值。这时，需将齿板上移 3 个齿，“停车”刻度减小到-3°，“额定”刻度增大到 87°，总转角增大到 90°，符合规定。此时的“停车”刻度由原来的 0°减小到-3°，需要补充调长平行杆一圈，使“停车”刻度增到 0°，“额定”刻度增大到 90°，符合规定。
如果总转角符合规定，只是“停车”刻度和“额定”刻度不符合规定。
若“停车”刻度是 3°，“额定”刻度是 93°，总转角符合规定。这时，只需单独将平行杆调短一圈（平行杆转动一圈），使“停车”刻度和“额定”都减小 3°，这时“停车”刻度为 0°，“额定”刻度为 90°，符合规定。
（4）平行拉杆调整后，通过拉杆上的检验孔 B 检查拉杆内耳环的进入量，此时，用保险丝插入 B 孔，保险丝不允许通过 B 孔。

2）油门操纵系统的协调性检查
（1）将操纵盒（KZH-1）的杠杆拉到 0°位置，此时主燃油泵（ZB-10A）的杠杆应在“停车”止动钉上。
（2）当操纵盒（KZH-1）杠杆移动到 90°±1°时，主燃油泵（ZB-10A）的杠杆应在“额定”状态 90°±1°止动钉上。
（3）当操纵盒（KZH-1）的操纵杆从“额定”状态位置移动到“停车”位置时，主燃油泵（ZB-10A）的杠杆应协同移动到“停车”止动钉上。
（4）在操纵盒（KZH-1）的杠杆从分度盘 0°移动到 90°时，检查操纵箱内微动电门接通、断开的响声。
（5）检查油门操纵系统，应灵活，不松脱，不碰撞（不与其他机件碰撞）。
（6）检查连接点，应无间隙。
（7）检查推收油门，应无死角（各连接点处杆、板间的夹角小于 20°或大于 160°，易造成传动不灵活，称为进入死角）。

3）调整后紧固件保险
（1）用 $\Phi$0.8 mm 不锈钢丝锁紧油门拉杆耳环调节螺母。
（2）用新开口销 194M51-1.5×15 锁紧拉杆轴上的螺帽、球形垫圈（3224112-4）、螺母（2521007-2）、齿板（276-334）、螺杆（0913823-2）。
注意：油门拉杆耳环锁紧螺母有左右螺纹之分，注意保险丝拉紧方向。

4）油门操纵系统安装、调试后的质量检查
对所做工作进行自检、互检。
（1）检查油门拉杆的推拉应无卡滞、灵活性好。
（2）检查油门手柄连接处球形垫圈是否安装正确，否则将影响操纵系统紧涩。
（3）检查油门摇臂齿板与齿条板是否吻合，啮合是否端正。
（4）拉杆螺纹伸出量不能超出检查孔，防止油门操纵系统松脱。
（5）检查紧固件保险有无漏打、错打和保险质量情况。

| 8. 实训任务结束 |
|---|
| 1）结束后的工作<br>（1）清洁导管、机件上的标记。<br>（2）清点工量具。<br>（3）清理、清扫工作现场。<br>（4）检查工作单的签字情况并提交工作单。 |
| 9. 考核 |
| 1）实操<br>（1）掌握工具的选用和使用。<br>（2）能按照工作单的操作步骤、技术要求，完成部件和附件的分解、故障检测、装配、测量、调试、签署等工作任务。<br>（3）在实操过程中无错装、漏装、多装。<br>（4）熟知工作单的有关技术规定、工作要求、注意事项，具有发现、分析和解决问题的能力。<br>（5）掌握一般性故障检查、故障描述、故障分析。<br>（6）按基本技能技术要求对部件和附件的紧固件实施保险。<br>（7）完成工作任务后对所做工作进行自检，清洁整理工作现场，检查并清点工量具。 |
| 2）理论<br>（1）检查平行杆上孔 B 的目的是什么？<br>（2）安装球形垫圈时，垫圈球面（凸面）的朝向是什么？其目的是什么？<br>（3）发动机“停车”和“额定”工作状态的规定角度值是多少？<br>（4）油门操纵系统的杆、板间的夹角分别是多少？其目的是什么？<br>（5）更换哪些附件后需检查或调整油门操纵系统的协调性？<br>（6）油门操纵系统主要操作哪些附件工作？操作的目的是什么？ |

# 任务7　导电棒的分解与安装

## 1. 实训目标

| | |
|---|---|
| 知识目标 | （1）了解常用工量具和工装的种类、规格和使用方法。<br>（2）掌握导电棒的拆装分解、故障检查、测量、装配的基本技能和理论知识。<br>（3）了解航空发动机导电棒的结构和组成。<br>（4）了解导电棒的功能。<br>（5）了解导电棒装配、故障检查、修理、装配的工作流程和技术要求。 |
| 能力目标 | （1）能正确使用工量具，并掌握使用技巧。<br>（2）能按工作单的技术要求，开展导电棒的分解和装配工作。<br>（3）能按工作单的技术要求，开展导电棒的故障检查和测量工作。<br>（4）能正确识读装配图，掌握导电棒的安装位置和安装要求。<br>（5）有动手动脑的能力，能独立完成分解和装配工作。<br>（6）能熟记装配图中各零组件图号，掌握零组件的装配位置和装配技术要求。<br>（7）有独立分析和解决问题的能力。 |

## 2. 导电棒（DDG-1）的分解与安装

<table>
<tr><td>题名</td><td colspan="5">导电棒（DDG-1）的分解与安装</td></tr>
<tr><td>机型</td><td colspan="2"></td><td>机号</td><td colspan="2"></td></tr>
<tr><td>工作区域</td><td colspan="2"></td><td>版本</td><td colspan="2"></td></tr>
<tr><td>编写</td><td></td><td>审核</td><td></td><td>批准</td><td></td></tr>
<tr><td>日期</td><td></td><td>日期</td><td></td><td>日期</td><td></td></tr>
<tr><td>工作台位</td><td></td><td>工作小组</td><td colspan="3"></td></tr>
<tr><td>开始时间</td><td colspan="2"></td><td>结束时间</td><td colspan="2"></td></tr>
<tr><td colspan="6">1. 实训基本要求</td></tr>
<tr><td colspan="6">1）技术要求<br>（1）分解前首先要对所拆卸的机件、管路、电路系统的保险进行拆除。<br>（2）螺纹连接件拧紧时，应对称、分次预拧紧，按顺序逐步拧紧全部螺纹连接件。<br>（3）用手将螺母拧到接头上，直到螺母与管接嘴（或凸缘）接触为止，然后拧紧。螺母螺栓拧紧时，如有紧涩、卡滞现象，不得强行拧入。<br>（4）使用双扳手拆卸和装配机件。<br>（5）导电棒高出扩散器壳体内的巢座 12～15 mm。<br>（6）盖子 A 与加力扩散器 B 安装边的间隙不大于 0.3 mm。<br>（7）按工作单要求完成规定位置的间隙测量。</td></tr>
</table>

2）技术图样

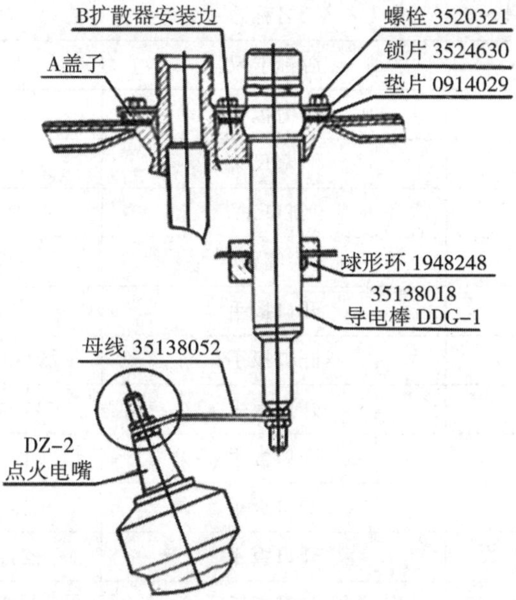


图 1 导电棒安装与连接示意图

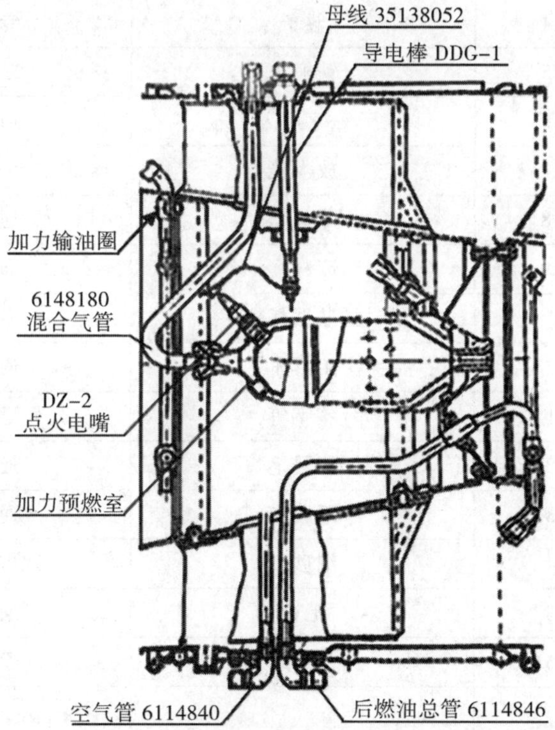


图 2 导电棒在扩散器中的安装示意图

| 2. 工量具、设备、耗材、防护用品 | | | | |
|---|---|---|---|---|
| 类别 | 序号 | 名称 | 规格型号 | 数量 |
| 工量具 | 1 | 游标卡尺 | 通用 | 1 |
| | 2 | 扭力扳手 | 5～25 N·m | 1 |
| | 3 | 塞尺 | 通用 | 1 |
| | 4 | 斜口钳 | 通用 | 2 |
| | 5 | 尖嘴钳 | 通用 | 2 |
| | 6 | 开口扳手 | 5×7 $mm^2$ | 2 |
| | 7 | 开口扳手 | 9×11 $mm^2$ | 2 |
| | 8 | 开口扳手 | 10×12 $mm^2$ | 2 |
| | 9 | 开口扳手 | 14×17 $mm^2$ | 2 |
| | 10 | 开口扳手 | 19×22 $mm^2$ | 2 |
| | 11 | 开口扳手 | 24×27 $mm^2$ | 2 |
| | 12 | 套筒扳手 | $S$=9 mm | 2 |
| | 13 | 套筒扳手 | $S$=11 mm | 2 |
| | 14 | 錾子 | 专用 | 1 |
| | 15 | 铁榔头 | 250 g | 1 |
| | 16 | 一字解刀 | 通用 | 1 |
| | 17 | 放大镜 | 5～10 倍 | 1 |
| | 18 | 零件盒 | 通用 | 3 |
| | 19 | 废料盒 | 通用 | 1 |
| 设备 | 1 | 扩散器托架 | 专用 | 1 |
| | 2 | 工具车 | 通用 | 1 |
| 耗材 | 1 | 签字笔 | 通用 | 1 |
| | 2 | 记号笔 | 通用 | 1 |
| | 3 | 纸胶带 | 通用 | 1 |
| | 4 | 细砂纸 | 180 号 | 1 |
| | 5 | 毛刷 | 通用 | 1 |
| | 6 | 擦布 | 通用 | 1 |
| | 7 | 垫片 0914029 | 0.3 mm，0.5 mm，0.8 mm，1.0 mm，1.2 mm | 5 |

| 类别 | 序号 | 名称 | 规格型号 | 数量 |
|---|---|---|---|---|
| 防护用品 | 1 | 线手套 | 通用 | 按需 |
| | 2 | 绢布手套 | 通用 | 按需 |
| | 3 | 护目镜 | 通用 | 按需 |

3. 实操工作要求

1）一般要求
(1) 检查量具检验合格证、有效期，量具应完好无损。
(2) 检查工作场地有无多余物，应干净整洁。
(3) 按照工量具清单，检查清点工量具的数量、规格，工量具应完好无损。
(4) 准备工作任务单并熟读，明确工作任务，熟悉工作流程和技术标准。
(5) 按工作单的操作步骤完成一项签署一项，签名要工整。
(6) 填写数据要工整、清晰、准确，不得涂改。
(7) 严格按照工作单的操作工序、技术要求、注意事项进行操作。
(8) 安全文明操作，不得强拆强装。

4. 导电棒（DDG-1）的分解工序

1）拆卸前的一般要求
(1) 检查加力扩散器是否安放稳定，零组件、导管有无损伤、变形、裂纹、缺失等。
(2) 检查导电棒连接螺纹有无损伤、缺件。
(3) 检查导电棒接触点部位有无烧蚀。
(4) 检查加力扩散器内外表面是否清洁。

2）导电棒的分解
(1) 把加力扩散器安放在支架上。
(2) 拆除保险，拆下加力点火混合器导管和导线弯管头螺帽，卸下螺帽时需用扳手持住导电棒转接器，以防转动。
(3) 松开止动垫圈 3524630，拆下固定导管和转接电极的盖子 A 的螺栓 3520321。
(4) 从电极 35138018 的螺纹部分取下母线 35138052。
(5) 拆除加力输油半球形衬块的上盖和下盖固定螺栓的保险，并拆下螺栓。
(6) 取出半球形衬块。

5. 导电棒（DDG-1）组件故障检测

1）导电棒组件检查
(1) 检查导电棒，应球面光滑，无损伤、划伤、压伤。
(2) 检查母线 35138052，应无损伤、裂纹。
(3) 连接导管接头、螺纹，应无损伤、裂纹。
注意：止动垫圈不允许重复使用，更换止动垫圈。

6. 导电棒（DDG-1）安装工序

1）安装前的一般要求
(1) 装上导电棒，放入垫片 0914029，导电棒盖子 A 螺栓 3520321 上装入锁紧垫圈 3524630 将其固定。
(2) 盖子 A 紧固螺钉打力矩：

| |
|---|
| 规定力矩：7.85～9.81 N·m<br>实际值：__________N·m<br>注意：若检查导电棒有间隙，则此项在检查调整活动量合格后进行。<br>(3) 连接点火电嘴 35138018 的母线 35138052。<br>(4) 检查点火电嘴导电棒的活动量。<br>注意：用手轻轻摇动，不允许有活动量。 |
| 2) 导电棒安装<br>稍稍抬起导电棒，高度不大于 12～15 mm。<br>取下盖子 A、垫片 0914029，并将垫片换成厚度小的。如果装在上面的垫片的厚度为 0.3 mm，可以将垫片去掉，装上盖子，并固定导电棒。检查盖子 A 与加力扩散器 B 安装边的间隙不大于 0.3 mm。垫片 0914029 的厚度为 0.3 mm、0.5 mm、0.8 mm、1.0 mm、1.2 mm。<br>(3) 如果在取下盖子 A、垫片 0914029 时，导电棒高出扩散器壳体内的巢座 12～15 mm 或导电棒不能装到正常位置，则说明导电棒与球形环 1948248 的链接脱开了。为将导电棒装到正常位置，需做如下工作：将导电棒嵌入球形环 1948248 内，并使其落在相应的位置上。<br>(4) 安装并拧紧点火电嘴导线弯管的螺帽和混合器导管的螺帽。<br>(5) 安装后对紧固件进行保险。 |
| 3) 导电棒安装后的质量检查<br>(1) 检查导电棒安装是否牢固、有无松动。<br>(2) 检查盖子 A 与加力扩散器 B 安装边的间隙是否符合规定。<br>(3) 检查复测导电棒高出扩散器壳体内巢座的高度。<br>(4) 检查紧固件保险的保险质量和正确性。<br>(5) 检查各管接头、插头、卡箍是否拧紧。 |
| 7. 实训任务结束 |
| 1) 结束后的工作<br>(1) 清洁导管、机件上的标记。<br>(2) 清点工量具。<br>(3) 清理、清扫工作现场。<br>(4) 检查工作单的签字情况并提交工单。 |
| 8. 考核 |
| 1) 实操<br>(1) 掌握工具的选用和使用。<br>(2) 按照工作单的操作步骤、技术要求，完成部件和附件的分解、故障检测、装配、测量、调试、签署等工作任务。<br>(3) 在实操过程中无错装、漏装、多装。<br>(4) 熟知工作单的有关技术规定、工作要求、注意事项，具有发现、分析和解决问题的能力。<br>(5) 掌握一般性故障检查、故障描述、故障分析。<br>(6) 按基本技能技术要求对部件和附件的紧固件实施保险。<br>(7) 完成工作任务后对所做工作进行自检，清洁整理工作现场，检查并清点工量具。 |
| 2) 理论<br>(1) 导电棒固定盖子螺钉的规定力矩是多少？<br>(2) 检查盖子 A 与加力扩散器 B 安装边的间隙不符合规定，应如何调整？<br>(3) 导电棒高出扩散器壳体内巢座 12～15 mm 或导电棒不能装到位的原因是什么？ |

# 任务 8　加力点火电嘴的拆卸与安装

## 1. 实训目标

| | |
|---|---|
| 知识目标 | （1）了解常用工量具和工装的种类、规格和使用方法。<br>（2）掌握加力点火电嘴的拆装分解、故障检查、测量、装配的基本技能和理论知识。<br>（3）了解加力点火电嘴的结构和组成。<br>（4）了解加力点火电嘴的功能和工作原理。<br>（5）了解加力点火电嘴装配、故障检查、修理的工作流程和技术要求。 |
| 能力目标 | （1）能正确使用工具，并掌握使用技巧。<br>（2）能按工作单工艺流程开展加力点火电嘴的分解和装配工作。<br>（3）能按工作单的技术要求开展加力点火电嘴的故障检查和测量工作。<br>（4）能正确识读装配图，开展各零组件的装配工作。<br>（5）能熟记装配图中各零组件图号，掌握零组件的装配位置和装配技术要求。<br>（6）能独立完成各零组件的分解和装配。<br>（7）有独立分析和解决问题的能力。 |

## 2. 加力点火电嘴（DZ-2）的拆卸与安装

| | | | | | |
|---|---|---|---|---|---|
| 题名 | 加力点火电嘴（DZ-2）的拆卸与安装 | | | | |
| 机型 | | | 机号 | | |
| 工作区域 | | | 版本 | | |
| 编写 | | 审核 | | 批准 | |
| 日期 | | 日期 | | 日期 | |
| 工作台位 | | 工作小组 | | | |
| 开始时间 | | | 结束时间 | | |
| 1. 实训基本要求 | | | | | |

1）技术要求

（1）分解前首先要对所拆卸的机件、管路、电路系统的保险进行拆除。

（2）螺纹连接件拧紧时，应对称、分次预拧紧，按顺序逐步拧紧全部螺纹连接件。

（3）用手将螺母拧到接头上，直到螺母与管接嘴（或凸缘）接触为止，然后拧紧。螺母螺栓拧紧时，如有紧涩、卡滞现象，不得强行拧入。

（4）导管直径小于 8 mm，非固定端不小于 150 mm，导管的偏斜量不大于导管直径的 1/2。

（5）导管直径大于 8 mm，非固定端不小于 200 mm，导管的偏斜量不大于导管直径的 1/2。

（6）导管与导管、导管与机匣及零件的间隙不小于 2 mm。

（7）按工作单要求完成规定位置的间隙测量。

2）技术图样

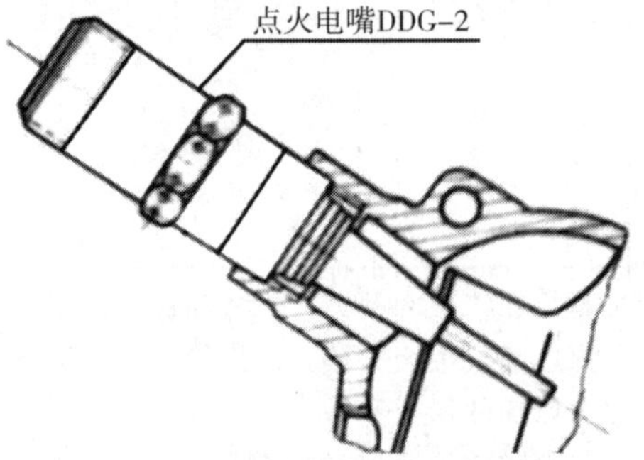


图 1　加力点火电嘴示意图

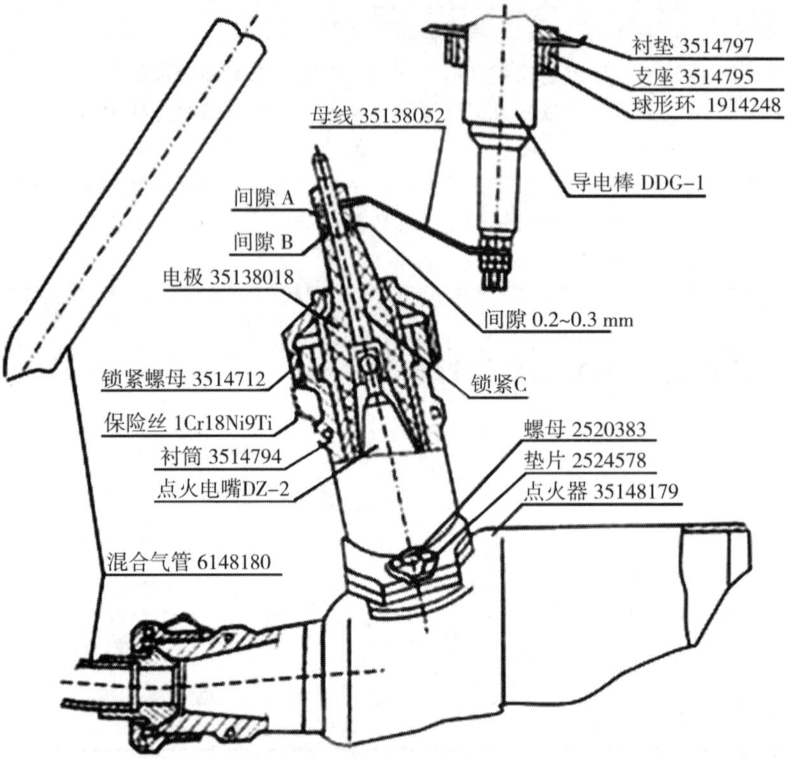


图 2　电嘴安装示意图

| 2. 工量具、设备、耗材、防护用品 | | | | |
|---|---|---|---|---|
| 类别 | 序号 | 名称 | 规格型号 | 数量 |
| 工量具 | 1 | 游标卡尺 | 通用 | 1 |
| | 2 | 扭力扳手 | 5～25 N·m | 1 |
| | 3 | 塞尺 | 通用 | 1 |
| | 4 | 斜口钳 | 通用 | 2 |

| 类别 | 序号 | 名称 | 规格型号 | 数量 |
|---|---|---|---|---|
| 工量具 | 5 | 尖嘴钳 | 通用 | 2 |
| | 6 | 开口扳手 | $5\times7\ \text{mm}^2$ | 2 |
| | 7 | 开口扳手 | $9\times11\ \text{mm}^2$ | 2 |
| | 8 | 开口扳手 | $10\times12\ \text{mm}^2$ | 2 |
| | 9 | 开口扳手 | $14\times17\ \text{mm}^2$ | 2 |
| | 10 | 开口扳手 | $19\times22\ \text{mm}^2$ | 2 |
| | 11 | 开口扳手 | $24\times27\ \text{mm}^2$ | 2 |
| | 12 | 套筒扳手 | $S=9$ mm | 2 |
| | 13 | 套筒扳手 | $S=11$ mm | 2 |
| | 14 | 錾子 | 专用 | 1 |
| | 15 | 铁榔头 | 250 g | 1 |
| | 16 | 解刀 | 通用 | 1 |
| | 17 | 零件盒 | 通用 | 3 |
| | 18 | 废料盒 | 通用 | 1 |
| 设备 | 1 | 扩散器托架 | 专用 | 1 |
| | 2 | 工具车 | 通用 | 1 |
| 耗材 | 1 | 签字笔 | 通用 | 1 |
| | 2 | 记号笔 | 通用 | 1 |
| | 3 | 纸胶带 | 通用 | 1 |
| | 4 | 细砂纸 | 180 号 | 1 |
| | 5 | 毛刷 | 通用 | 1 |
| | 6 | 擦布 | 通用 | 1 |
| 防护用品 | 1 | 线手套 | 通用 | 按需 |
| | 2 | 绢布手套 | 通用 | 按需 |
| | 3 | 护目镜 | 通用 | 按需 |

3. 实操工作要求

1）一般要求

（1）检查量具检验合格证、有效期，量具应完好无损。

（2）检查工作场地有无多余物，应干净整洁。

（3）按照工量具清单，检查清点工量具的数量、规格，工量具应完好无损。

（4）准备工作任务单并熟读，明确工作任务，熟悉工作流程和技术标准。

（5）按工作单的操作步骤完成一项签署一项，签名要工整。

（6）填写数据要工整、清晰、准确，不得涂改。

（7）安全文明操作，不得强拆强装。

| 4. 加力点火电嘴（DZ-2）的分解工序 |
| --- |
| 1）工作前的检查<br>（1）检查加力扩散器是否安放稳定，零组件和导管有无损伤、变形、裂纹、缺失等。<br>（2）检查点火电嘴连接螺纹有无损伤、缺件。<br>（3）检查点火电嘴接触点部位有无烧蚀。<br>（4）检查加力扩散器内外表面是否清洁。 |
| 2）加力点火电嘴的分解<br>（1）把加力扩散器安放在支架上。<br>（2）从发动机上拆下与加力扩散器有关联的导管、卡箍、导线。<br>注意：拆下后及时堵塞发动机及扩散器的导管接头，包扎导线插头。<br>（3）拆除保险，取下母线 35138052 在加力电嘴电极 35138018 上的固定螺帽。<br>（4）从导电棒 35138018 的螺纹部分取下母线 35138052。<br>（5）拧下衬筒 3514794 上的外加螺帽 3514712，去除螺帽保险，并用扳手持住衬筒。<br>（6）轻轻摇动加力点火电嘴的电极，并将其绕中心转动，将它从衬筒 3514794 中取出。<br>（7）从点火器壳体的接头内拧出电嘴。<br>（8）用干净布擦净取下的电嘴，用石蜡纸包扎。 |
| 5. 加力点火电嘴（DZ-2）组件故障检测工序 |
| 1）点火电嘴组件故障检测<br>（1）检查点火电嘴球面有无损伤、划伤、压坑。<br>（2）检查点火电嘴头部有无烧蚀、裂纹、积碳。<br>（3）检查母线 35138052 有无损伤、裂纹。<br>（4）检查连接导管接头、螺栓有无划伤、损伤。<br>注意：止动垫圈不允许重复使用，更换止动垫圈。 |
| 6. 加力点火电嘴（DZ-2）安装工序 |
| 1）安装前的一般要求<br>（1）检查点火电嘴外观是否清洁、组件有无损伤。<br>（2）检查零组件有无损伤、缺失。<br>（3）检查连接母线 35138052 有无损伤、变形、扭曲。 |
| 2）点火电嘴安装<br>（1）将点火电嘴装入点火器接头内并预紧。<br>（2）点火电嘴打力矩：<br>规定值：14.71～19.6 N·m<br>实际值：__________ N·m<br>（3）先垫上新垫片 2524578，装上衬筒，对称拧入衬筒在点火器安装边上的固定螺帽 2520383。<br>（4）将电极 35138018 插入衬筒内，装上外加螺母 3514712。拧外加螺母时，为防止转接电极转动，用扳手持住衬筒 3514794。<br>（5）将母线 35138052 安装到电极螺纹上并拧紧螺帽。<br>（6）检查零件，A 和 B 的间隙为 0.2～0.3 mm。<br>（7）用 $\Phi$0.8 mm 不锈钢丝 1Cr18Ni9Ti 将衬筒和外加螺母与电极 35138018 相互锁紧。 |

| |
|---|
| 3）加力点火电嘴安装后的质量检查<br>（1）检查点火电嘴的安装情况。<br>（2）检查母线 35138052 的外观情况。<br>（3）检查各保险是否正确、牢靠，有无错、漏打情况。<br>（4）检查规定间隙是否符合要求。<br>（5）检查各管接头、插头、卡箍是否拧紧。<br>注意：锁紧应可靠，保险丝不应有损伤和过度拉紧。 |
| 7. 实训任务结束 |
| 1）结束后的工作<br>（1）清洁导管、机件上的标记。<br>（2）清点工量具。<br>（3）清理、清扫工作现场。<br>（4）检查工作单的签字情况并提交工单。 |
| 8. 考核 |
| 1）实操<br>（1）掌握工具的选用和使用。<br>（2）按照工作单的操作步骤、技术要求，完成部件和附件的分解、故障检测、装配、测量、调试、签署等工作任务。<br>（3）在实操过程中无错装、漏装、多装。<br>（4）熟知工作单的有关技术规定、工作要求、注意事项，具有发现、分析和解决问题的能力。<br>（5）掌握一般性故障检查、故障描述、故障分析。<br>（6）按基本技能技术要求对部件和附件的紧固件实施保险。<br>（7）完成工作任务后对所做工作进行自检，清洁整理工作现场，检查并清点工量具。 |
| 2）理论<br>（1）点火电嘴的功能是什么？<br>（2）点火电嘴安装规定力矩值是多少？<br>（3）点火电嘴中央极和旁极的绝缘层是什么材料？<br>（4）点火电嘴跳火不良、火花弱的主要原因有哪些？ |

# 项目 4　发动机部件和附件的分解与装配

## 任务 1　前机匣的分解与装配

### 1. 实训目标

| | |
|---|---|
| 知识目标 | (1) 了解常用工量具和工装的种类、规格和使用方法。<br>(2) 掌握发动机前机匣分解、故障检查、测量、装配的操作基本技能和理论知识。<br>(3) 掌握中央传动装置组件分解、故障检查、测量、装配的操作基本技能和理论知识。<br>(4) 掌握滑油回油泵组件分解、故障检查、测量、装配的操作基本技能和理论知识。<br>(5) 掌握油气分离器组件分解、故障检查、测量、装配的操作基本技能和理论知识。<br>(6) 了解前机匣、中央传动装置、滑油回油泵、油气分离器组件的功能和组成。<br>(7) 了解前机匣、中央传动装置、滑油回油泵、油气分离器组件的常见故障和维修基本知识。<br>(8) 了解前机匣、中央传动装置、滑油回油泵、油气分离器各附件在维修中的常见故障。 |
| 能力目标 | (1) 能正确使用工具，按工作单技术要求，开展发动机部件和附件的分解、测量和装配工作。<br>(2) 能看懂工艺装配图，按照装配图的装配关系完成各组件的装配。<br>(3) 能按照工作单技术要求，开展前机匣的分解、故障检查、测量、装配工作。<br>(4) 能按照工作单技术要求，开展中央传动装置组合件的分解、故障检查、测量、装配工作。<br>(5) 能按照工作单技术要求，开展滑油回油泵组合件的分解、故障检查、测量、装配工作。<br>(6) 能按照工作单技术要求，开展油气分离器组合件的分解、故障检查、测量、装配工作。<br>(7) 能识读中央传动装置组合件、滑油附件组件、油气分离器组件的装配图，掌握相互之间的装配关系和装配技术要求。<br>(8) 能独立完成各零组件的分解和装配。<br>(9) 有独立分析和解决问题的能力。 |

## 2. 前机匣的分解与装配

| 题名 | 前机匣的分解与装配 | | | | |
|---|---|---|---|---|---|
| 机型 | | | 机号 | | |
| 工作区域 | | | 版本 | | |
| 编写 | | 审核 | | 批准 | |
| 日期 | | 日期 | | 日期 | |
| 工作台位 | | 工作小组 | | | |
| 开始时间 | | | 结束时间 | | |

1. 实训基本要求

1）技术要求

（1）使用干净碳氢清洗液（牌号 FDS166）对滑油附件、油气分离器进行清洗。

（2）压装滚珠轴承时，如果紧度很大，可将滚珠轴承加温 8～10 min，使其达到 60～70 ℃，然后进行压装。

（3）整流罩打力矩值为 7.85～9.81 N·m。

（4）用干净的 HP-8B 滑油冲洗壳体的滑油路，以 0.196～0.294 MPa 的压力冲洗 10～15 min，HP-8B 滑油油温应为 75～85 ℃。

（5）冲洗中央传动装置时，滑油应从 6 个油孔流出。

2）技术图样

图 1　发动机前机匣实物图

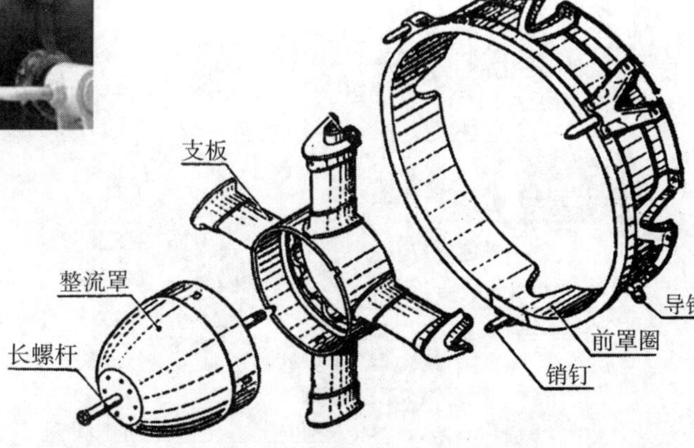


图 2　进气装置结构示意图

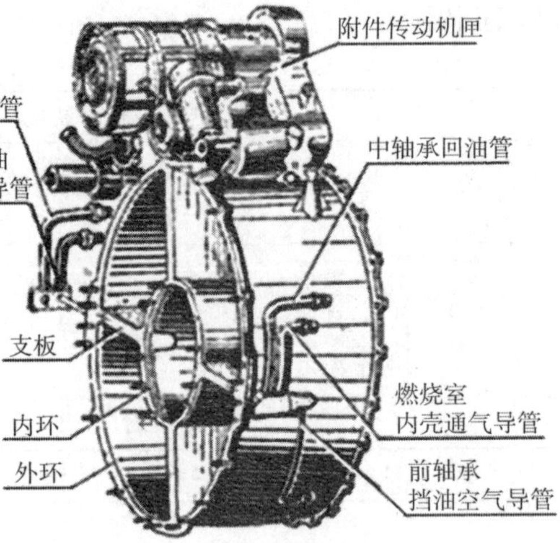


图 3　前机匣结构示意图

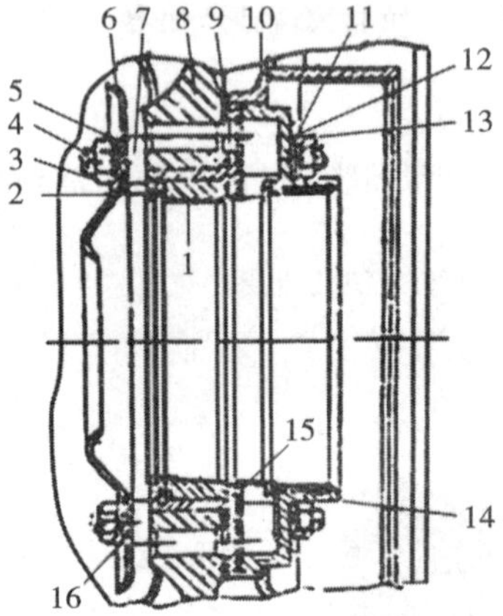


1—滚棒轴承外圈；2—卡圈；3，13—螺帽；4—螺桩；5—保险片；6—滑油挡油盘；
7—隔圈；8—前机匣；9，11，15，16—垫子；10—前轴承壳体；12—保险片；14—前轴承壳体盖

图 4　前轴承座结构示意图

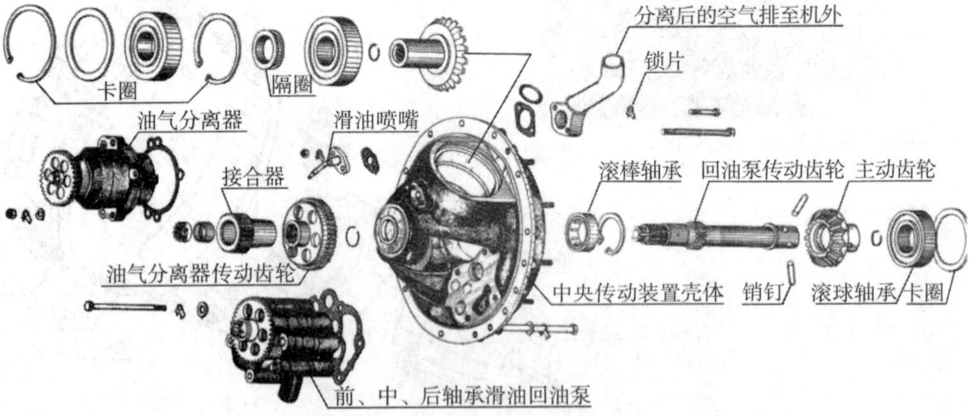


图 5　中央传动装置组合件分解示意图

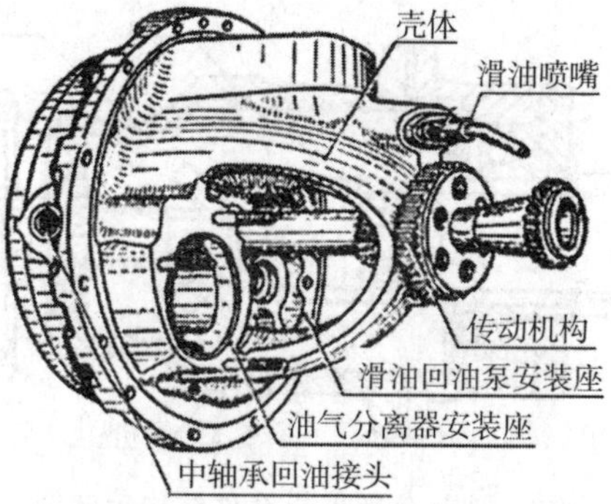


图 6　中央传动装置结构示意图

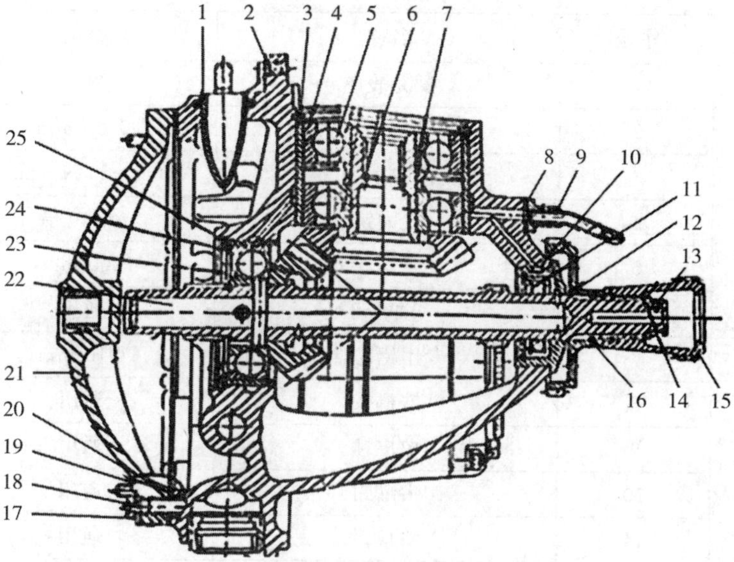

1—密封圈；2—壳体；3，10，25—卡圈；4，24—调整圈；5，23—滚珠轴承；6，16—卡圈；7—隔圈；8—垫子；9—压气机转子前轴承滑油喷嘴；11—滚棒轴承；12—油气分离器；13—螺母；14，19—保险片；15—接合器；17—壳体盖固定螺栓；18—垫片；20—垫子；21—壳体盖；22—主动轴

图 7　中央传动装置组合件结构示意图

图 8　滑油回油泵组合件结构示意图

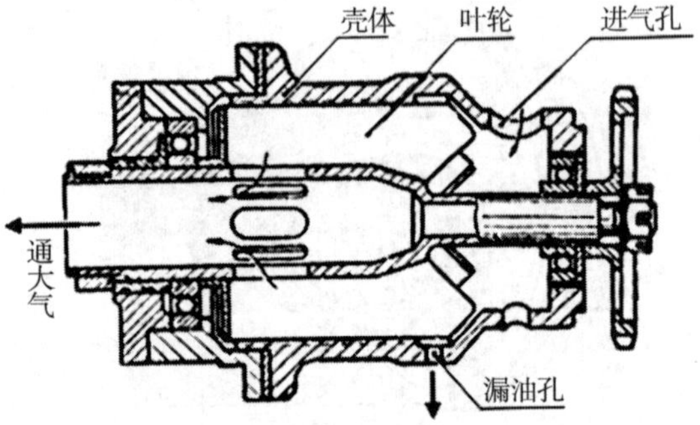


图 9　油气分离器组合件结构示意图

2. 工量具、设备、耗材、防护用品

| 类别 | 序号 | 名称 | 规格型号 | 数量 |
|---|---|---|---|---|
| 工量具 | 1 | 磁力表座 | 通用 | 1 |
| | 2 | 百分表 | 0～5 mm | 1 |
| | 3 | 扭力扳手 | 5～25 N·m | 1 |
| | 4 | 放大镜 | 5～10 倍 | 1 |
| | 5 | 一字螺丝刀 | 200 mm | 1 |
| | 6 | 冲子 | 通用 | 1 |
| | 7 | 专用铝芯棒 | $\Phi$10 mm | 2 |
| | 8 | 铁榔头 | 通用 | 1 |
| | 9 | 橡皮锤 | 通用 | 1 |
| | 10 | 尖嘴钳 | 通用 | 2 |
| | 11 | 斜口钳 | 通用 | 2 |
| | 12 | 内卡簧钳 | 通用 | 1 |
| | 13 | 专用花键扳手 | 专用 | 1 |
| | 14 | 錾子 | 专用 | 1 |
| | 15 | 开口扳手 | 7×9 $mm^2$ | 2 |
| | 16 | 开口扳手 | 9×11 $mm^2$ | 2 |
| | 17 | 开口扳手 | 10×12 $mm^2$ | 1 |
| | 18 | 开口扳手 | 22×24 $mm^2$ | 2 |
| | 19 | 套筒扳手 | $S$=9 mm | 2 |
| | 20 | 套筒扳手 | $S$=10 mm | 2 |
| | 21 | 套筒扳手 | $S$=11 mm | 2 |
| | 22 | 零件盒 | 通用 | 3 |
| | 23 | 废料盒 | 通用 | 1 |

| 类别 | 序号 | 名称 | 规格型号 | 数量 |
| --- | --- | --- | --- | --- |
| 设备 | 1 | 工作台 | 通用 | 按需 |
| | 2 | 工具车 | 通用 | 按需 |
| 耗材 | 1 | 签字笔 | 通用 | 1 |
| | 2 | 记号笔 | 通用 | 1 |
| | 3 | 纸胶带 | 通用 | 按需 |
| | 4 | 细砂纸 | 180 号 | 按需 |
| 防护用品 | 1 | 线手套 | 通用 | 按需 |
| | 2 | 绢布手套 | 通用 | 按需 |
| | 3 | 护目镜 | 通用 | 按需 |

3. 实操工作要求

1）一般要求

（1）检查量具检验合格证、有效期，量具应完好无损。

（2）检查工作场地有无多余物，应干净整洁。

（3）按照工量具清单，检查清点工量具的数量、规格，工量具应完好无损。

（4）准备工作任务单并熟读，明确工作任务，熟悉工作流程和技术标准。

（5）按工作单的操作步骤完成一项签署一项，签名要工整。

（6）填写数据要工整、清晰、准确，不得涂改。

（7）严格按照工作单的操作工序、技术要求、注意事项进行操作。

（8）安全文明操作，不得强拆强装。

4. 前机匣和中央传动装置分解工序

1）工作前的外观检查

（1）检查前机匣部件安装应牢靠。

（2）检查前机匣外部应清洁，无损伤、变形、裂纹、漆层剥落。

（3）检查外部管路应无损伤、变形、压坑、缺失。

2）进气装置分解

（1）放出前机匣内残余的滑油。

（2）松开并拆下附件传动机匣锁紧螺栓，把附件传动机匣从前机匣卸下，取下附件传动轴。

（3）拆除前机匣右侧弯管上的锁片保险，松开紧固螺母，在前机匣（左侧）分下中轴承回油管和油气管。

（4）拆除前机匣左侧弯管上的锁片保险，松开紧固螺母，在前机匣（右侧）分下后轴承回油管和滑油供油管。

注意：拆卸时，可轻轻摇动弯管并在导管末端扶住弯管。

（5）用专用花键扳手松开进气整流帽罩螺栓并取下长螺栓。

（6）用手敲打整流帽罩两侧，拔出帽罩。

（7）拆除支板固定螺钉保险，松开螺母，取下保险片、支板。

（8）松开前机匣进气支板凸肋导管螺钉上所有保险，松开紧固螺钉并取下导管。

3）前机匣分解

（1）拆除中央传动装置固定螺帽上的保险，松开螺帽，取下保险片和中央传动装置。

（2）拆除前轴承壳体固定螺帽保险，取下保险片和前轴承壳体。

（3）从前轴承壳体内取下卡圈和滚棒轴承外圈。

注意：取拿轴承时应戴干净绢布手套接触轴承，拆下的轴承应及时用干净的滑油进行油封。

（4）拆除滑油进油管固定螺帽保险，松开螺帽，由前机匣上取下保险片、垫圈、挡油盘和隔圈。

（5）拆除滑油进油管固定螺栓上的保险，松开螺帽，取下保险、导管和垫子。

（6）松开卡箍，拆除进气管固定螺帽保险，松开紧固螺母，取下保险片、垫片。

（7）拆除滤网固定螺帽保险，松开紧固螺帽，取下保险片和滤网。

注意：

① 拆下的螺钉、螺母放在零件盒内。

② 拆下的导管和机匣上的孔应及时封堵管口，整齐摆放在工作台上。

③ 拆下的锁片、密封胶圈不得重复使用，应报废处理。

## 5. 前机匣故障检测工序

1）进气装置故障检测

（1）检查进气整流罩有无压坑、变形。

（2）检查中轴承回油管、油气管有无压坑、变形，螺纹有无损伤。

（3）检查后轴承回油管、滑油供油管有无压坑、变形，螺纹有无损伤。

（4）检查进气支板凸肋上的导管有无压坑、变形，螺纹有无损伤。

2）中央传动装置故障检测

（1）检查中央传动装置外观有无损伤，转动是否灵活，有无卡滞。

（2）检查滑油泵外观有无损伤，传动齿轮有无磨损、掉齿。

（3）检查油气分离器外观有无损伤，传动齿轮有无磨损、掉齿。

（4）检查前滚棒轴承有无锈蚀、磨损，转动是否紧涩。

（5）检查中央转动机构齿轮和接合器齿轮有无磨损、掉齿。

## 6. 中央传动装置组件分解工序

1）分解前的一般要求

（1）分解下的零件分别单独存放。

（2）分解下的滑油泵组的齿轮组件做好标记，分别单独存放。

（3）分解下的油气分离器组合件分别单独存放。

（4）分解下的传动齿轮、轴承用石蜡纸包扎存放。

（5）分解轴承时，禁止敲打轴承内钢套。

2）中央传动装置组件分解

（1）拆除接合器锁紧螺帽上的锁片保险，松开螺帽，取下接合器。

（2）拆除前轴承滑油喷嘴固定螺帽保险，松开螺母，取下喷嘴和垫子。

（3）用卡簧钳取出卡圈，从主动轴上取下离心式油气分离器传动齿轮。

（4）拆除离心式油气分离器和通气管的固定螺母保险，松开固定螺母和螺栓，取下油气分离器、通气管和垫子，将油气分离器放入专用盒内。

(5) 拆除滑油回油泵固定螺栓保险，松开固定螺栓，取下滑油回油泵和垫子，将滑油回油泵放入专用盒内。

(6) 用卡簧钳取出中央传动装置卡圈和调整垫圈，拔出主传动轴。

注意：取拿轴承时应戴干净绢布手套接触轴承，拆下的轴承应及时用干净的滑油进行油封。

(7) 用橡皮锤轻轻地敲打被动齿轮，使它往壳体内移动，直到松开滚珠轴承内圈为止，从壳体上取出卡圈与调整圈。

(8) 从壳体座上取出卡圈和滚棒轴承。

注意：

① 严禁敲打轴承内钢套。

② 敲打时要小心，不要敲打到轴承上。

3) 滑油回油泵组件分解

(1) 拆除滑油泵传动齿轮锁紧螺母保险，松开螺母，取下传动齿轮。

(2) 拆除滑油回油泵壳体紧固螺栓保险，松开三级回油固定螺栓并取下，逐级分开前、中、后三级回油泵齿轮。

(3) 目视检查每一级泵组齿轮有无磨损、壳体有无磨损。

注意：

① 分下的各级齿轮组分别做好标记，分类、单独存放。

② 每一级主传动齿轮轴上有一个传动半圆键，分解时应注意。

4) 油气分离器组件分解

(1) 拆除油气分离器传动齿轮锁紧螺母保险，松开螺母，取下传动齿轮。

(2) 拆除油气分离器壳体紧固螺栓保险，松开紧固螺栓并取下，取出转子叶轮。

(3) 目视检查转子叶轮有无损伤、磨损、变形。

### 7. 中央传动装置组件故障检测工序

1) 检查中央传动齿轮

(1) 目视和用放大镜检查接合器套齿有无磨损、掉块、卡滞、划伤。

(2) 目视和用放大镜检查主传动齿轮和从动齿轮有无磨损、掉块。

(3) 目视检查轴承有无磨损、锈蚀、划伤。

(4) 检查主动轴轴承转动是否灵活，有无卡滞、锈蚀、划伤。

(5) 检查从动轴轴承转动是否灵活，有无卡滞、锈蚀、划伤。

2) 检查滑油泵组

(1) 目视和用放大镜检查滑油回油泵组合件传动齿轮和滑油泵传动齿轮有无磨损、掉块，壳体内壁有无磨损和磨痕。

(2) 目视检查中轴承回油泵组齿轮有无磨损和磨痕。

(3) 目视检查后轴承回油泵组齿轮有无磨损和磨痕。

(4) 目视检查附件机匣回油泵组齿轮有无磨损和磨痕。

3) 检查油气分离器组件

(1) 目视和用放大镜检查油气分离器组合件和传动齿轮有无磨损、掉块、裂纹。

(2) 检查油气分离器被动齿轮有无磨损、掉块、裂纹。

(3) 检查油气分离器叶轮和壳体内壁有无磨损、损伤。

| 8. 中央传动装置组件装配工序 |
| --- |
| 1）装配前的一般要求<br>（1）零件和组件摆放整齐，清洁，无损伤。<br>（2）装配前将标记拆下，放置废料盒内。<br>（3）安装轴承时，轴承外圈要涂抹润滑油，对正安装座平稳放入。<br>（4）密封胶圈、止动垫圈为一次性使用，需更换新品。 |
| 2）滑油泵组件装配<br>按油泵拆卸反工序进行装配。<br>（1）从油泵最下级进行装配，主传动轴上安装传动半圆键，将油泵主动齿轮键槽对准半圆键装入主轴中，然后装入从动齿轮，与主动齿轮啮合。<br>（2）在壳体结合处放入密封垫，然后装上壳体盖。<br>（3）按相同的方法分别装入第二级、第三级泵组。<br>（4）装配工步完成后，用紧固螺栓将油泵组件锁紧。<br>（5）将油泵传动齿轮安装在传动轴上，用紧固螺母锁紧并保险。<br>（6）用手转动传动齿轮，转动应灵活、无卡滞。 |
| 3）油气分离器组件装配<br>按油气分离器拆卸反工序进行装配。<br>（1）将新品密封垫安装在壳体结合面上。<br>（2）将油气分离器转子叶轮装入壳体内，用螺钉将结合面锁紧。<br>注意：拧紧螺钉应对称、分次、多次拧紧。<br>（3）将分离器传动齿轮安装到传动轴上，锁紧并保险。<br>（4）用手转动传动齿轮，转动应灵活、无卡滞。 |
| 4）中央传动装置组件装配<br>（1）把中央传动装置壳体装在冲洗设备上，用干净的 HP-8B 滑油冲洗壳体的滑油路，以 0.196～0.294 MPa 的压力冲洗 10～15 min，HP-8B 滑油油温应为 75～85 ℃。<br>（2）将滑油从前机匣回油到中央传动装置的油孔内输入。<br>（3）冲洗时，滑油应从 6 个油孔流出。<br>（4）用绸布检查油滤出油口是否干净，油滤上不得有金属粉末。<br>（5）从冲洗设备上拆下壳体，放在干净碳氢清洗液里清洗。<br>注意：用干净的压缩空气将传动装置吹干待装。<br>（6）主动轴与被动齿轮是成对的，应成对安装，更换时应成对更换。<br>（7）把中央传动装置壳体装在工作台上，并用两个螺帽固定。<br>（8）把密封圈装在中央传动装置壳体内，然后将密封胶的垫子与通气管装在中央传动装置的前部，用螺栓固定导管结合盘。<br>（9）把卡圈装在被动齿轮上。<br>（10）把卡圈、调整圈、滚珠轴承与第二个卡圈装入壳体内。<br>注意：<br>① 轴承钢套侧面的批次号应向外（可视），将轴承外圈涂抹润滑油，并用手将轴承推压到安装座的最深处。<br>② 安装紧涩时应查明原因，严禁强行装入。检查配合面是否有脏物、毛刺，排除后再重新对正安装。 |

(11) 把主动轴与调整圈装在中央传动装置壳体内，并用卡圈固定。
(12) 把卡圈与离心式油气分离器的正传动齿轮装在主动轴尾端。
(13) 把接合器装在主动轴尾端，用螺帽固定并锁紧。
(14) 把滑油泵装在中央传动装置壳体上，并预先装上垫子固紧。
(15) 把离心式油气分离器装在中央传动装置壳体上，并预先装上垫子固紧。
(16) 把垫子和压缩器转子前轴承的滑油喷嘴装在中央传动装置壳体上，用螺帽固定喷嘴的接合盘。
(17) 从支架上拆下中央传动装置，将其放在工作台上。
(18) 转动主动轴接合器，转动应平稳、灵活，无卡滞。
(19) 把壳体盖装在中央传动装置上，用两个螺栓固定壳体盖，并垫上垫圈。
(20) 检查上述工步有无错装、漏装，紧固件安装是否牢固。

5) 中央传动装置装配后的质量检查
(1) 检查中央传动装置转动的灵活性，应无卡滞、无紧涩。
(2) 检查滑油泵组件的安装固定情况。
(3) 检查油气分离器的安装固定情况。
(4) 检查主传动和被动传动齿轮的安装固定情况。
(5) 检查传动齿轮轴承的安装固定情况。
(6) 检查主轴接合器的安装固定、锁紧情况。
(7) 检查前轴承喷嘴安装的正确性和固定情况。

## 9. 前机匣和进气装置装配工序

1) 装配前的一般要求
(1) 检查中央传动装置组合件外观质量，应无损伤、碰伤。
(2) 检查传动装置，转动应平稳、灵活，无紧涩、卡滞现象。
(3) 检查中央传动装置各传动齿轮应锁紧，螺母保险应正确、完好。
(4) 检查轴承卡圈装配应正确到位。

2) 前机匣装配
按拆卸反工序进行安装。
(1) 安装滤网、锁片、固定螺帽并拧紧。
(2) 安装进气管、锁片、固定螺帽并锁紧。
(3) 安装滑油进油管、隔圈、挡油盘、锁片、垫圈、固定螺帽并锁紧。
(4) 将中央传动装置组件装入前机匣固定螺桩上，安放锁片、固定螺母，并对称、分次拧紧螺钉。
(5) 安装中央传动装置壳体盖，安放锁片、固定螺母，并对称、分次拧紧螺钉。

3) 进气装置装配
(1) 安装前机匣进气支板凸肋上的导管，螺钉上安装锁片、螺母并依次拧紧。
(2) 安装进气机匣两侧导管，螺钉上安装锁片、螺母并依次拧紧。
(3) 将支板安装在进气机匣固定螺栓上，安放锁片、螺母并锁紧。
(4) 安装进气整流帽罩 3510875，在螺杆 3510295 上装入球形垫片 3524025、锁片 3524724，将锁紧螺杆预紧且不要超过规定力矩值要求。
(5) 整流罩锁紧螺杆打力矩：
规定值：7.85～9.81 N·m
实际值：__________N·m
注意：若达到力矩值要求时，锁片凸耳不能进入螺栓凹槽内，可用更换螺栓的方法保证锁紧。

| |
|---|
| 4）前机匣安装后的质量检查<br>(1) 检查前机匣的安装固定情况。<br>(2) 检查所有连接导管与导管、导管与机匣的间隙应不小于 3 mm。<br>(3) 检查各导管接头、插头、卡箍的拧紧度和安装正确性。<br>(4) 检查各保险部位有无错、漏打和保险质量问题。 |
| 10. 实训任务结束 |
| 1）结束后的工作<br>(1) 清除导管、机件上的标记。<br>(2) 清点工量具。<br>(3) 清理、清扫工作现场。<br>(4) 检查工作单的签字情况并提交工作单。 |
| 11. 考核 |
| 1）实操<br>(1) 掌握工具的选用和使用。<br>(2) 按照工作单的操作步骤、技术要求，完成部件和附件的分解、故障检测、装配、测量、调试、签署等工作任务。<br>(3) 在实操过程中无错装、漏装、多装。<br>(4) 熟知工作单的有关技术规定、工作要求、注意事项，具有发现、分析和解决问题的能力。<br>(5) 掌握一般性故障检查、故障描述、故障分析。<br>(6) 按基本技能技术要求对部件和附件的紧固件实施保险。<br>(7) 完成工作任务后对所做工作进行自检，清洁整理工作现场，检查并清点工量具。 |
| 2）理论<br>(1) 简述进气装置的功能。<br>(2) 简述进气装置设有热空气流动路线的目的。<br>(3) 简述油气分离器的功能。<br>(4) 简述油气分离器的油气分离原理。<br>(5) 简述油气分离器转子转速高于发动机转速的目的。<br>(6) 简述滑油回油泵的功能。<br>(7) 滑油回油泵是什么形式的油泵？<br>(8) 滑油回油泵组中有几个回油泵？<br>(9) 回油泵组分别抽回发动机哪几个支点的滑油？<br>(10) 中央传动装置的主动和被动齿轮能否单独更换其中一个？<br>(11) 主动和被动齿轮是一对什么结构形式的齿轮？<br>(12) 发动机起动时，向回油泵内注入滑油的目的是什么？ |

# 任务 2　第九级压气机叶片的分解、称排与装配

## 1. 实训目标

| | |
|---|---|
| 知识目标 | （1）了解常用工量具和工装的种类、规格和使用方法。<br>（2）掌握第九级压气机叶片的分解、故障检测、称排、测量、装配的操作维修基本技能和理论知识。<br>（3）掌握航空发动机压气机转子叶片的常见故障，熟悉压气机转子叶片维护、维修的一般知识。<br>（4）了解压气机叶片的排序规律和排序原则。<br>（5）了解叶片称重排序的目的以及叶片排序与发动机振动的关系。<br>（6）了解影响发动机整机振动的主要原因。<br>（7）了解预防压气机叶片损伤的基本知识和技术规定。<br>（8）了解压气机转子部件的功能、组成和增压原理。<br>（9）掌握压气机叶片的安装结构、锁紧方式。<br>（10）了解发动机振动对飞行安全的影响。 |
| 能力目标 | （1）能正确使用工量具和专用工装，开展发动机部件和附件的分解、测量和装配工作。<br>（2）能看懂工艺装配图、叶片排序图，掌握装配和排序关系。<br>（3）能正确识读第九级压气机叶片的排序图，并能按照排序图的技术要求，开展叶片排序、叶片对调、标注工作。<br>（4）能正确使用量具，按工作单技术要求，开展第九级压气机叶片的摆动量、凸凹度的测量工作。<br>（5）能正确使用工具，按工作单技术要求，开展第九级压气机叶片的分解和装配工作。<br>（6）能按照工作单操作步骤、技术要求，开展第九级压气机叶片的故障检查、称重、排序、测量工作。<br>（7）能对难以分解的叶片，通过所学知识，采取浸润法、振动法来解决叶片的分解问题。<br>（8）能识别叶片出现的质量问题，正确描述故障现象，分析产生故障的原因，提出预防措施和修理意见。<br>（9）能独立对压气机叶片进排气边的轻微打伤进行抛光和打磨修复。<br>（10）有独立分析和解决问题的能力。 |

## 2. 第九级压气机叶片的分解、称排与装配

| | | | | | |
|---|---|---|---|---|---|
| 题名 | 第九级压气机叶片的分解、称排与装配 | | | | |
| 机型 | | | 机号 | | |
| 工作区域 | | | 版本 | | |
| 编写 | | 审核 | | 批准 | |
| 日期 | | 日期 | | 日期 | |

| 工作台位 | | 工作小组 | |
|---|---|---|---|
| 开始时间 | | 结束时间 | |

1. 实训基本要求

1）技术要求

（1）分解叶片前，用錾子将叶片止动垫圈的锁紧部位松开，弯曲部位应平整无阻碍。

（2）锁片与榫槽端面允许有不大于0.15 mm的间隙。

（3）叶片榫头端面对轮盘的凹凸度和轴向活动量不大于0.4 mm。

（4）叶片垂直于榫槽中心线方向的活动量为0～0.6 mm。

（5）叶片的质量精确度为0.1 g。

（6）叶片质量差不得超过3 g。

（7）相邻叶片的质量差不得超过0.5 g。

2）技术图样

图1　压气机转子实物图

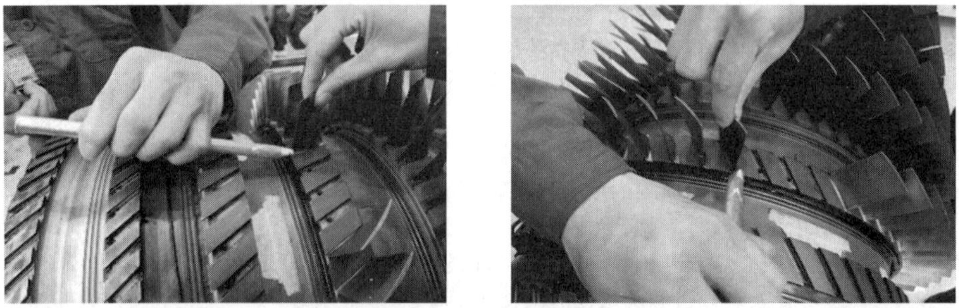

图2　叶片分解示意图

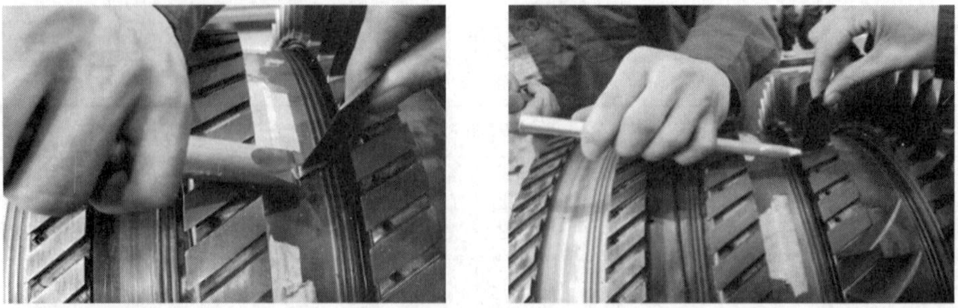

图3　叶片装配示意图

图 4　叶片凸凹度和轴向活动量测量示意图

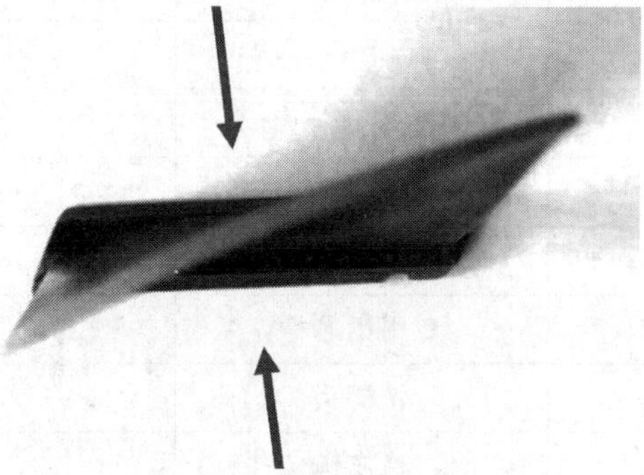

图 5　叶片切向活动量测量示意图

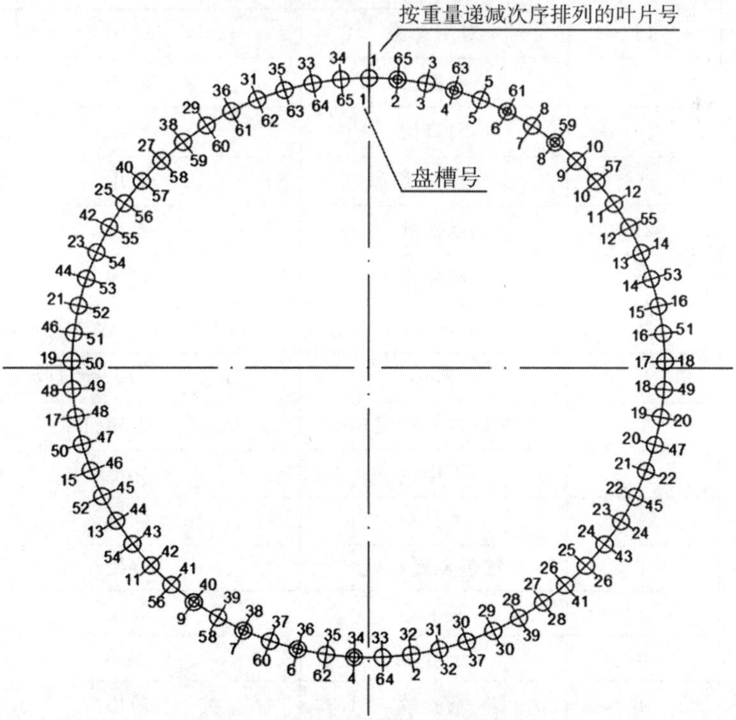


图 6　第九级压气机叶片排序示意图

| 2. 工量具、设备、耗材、防护用品 | | | | |
|---|---|---|---|---|
| 类别 | 序号 | 名称 | 规格型号 | 数量 |
| 工量具 | 1 | 电子天平 | 量程 0～500 g（精度 0.01 g） | 1 |
| | 2 | 磁性表座 | 0～5 mm | 1 |
| | 3 | 百分表 | 0～150 mm | 1 |
| | 4 | 游标卡尺 | 0～2 mm | 1 |
| | 5 | 塞尺 | 200 mm | 套 |
| | 6 | 一字解刀 | 通用 | 1 |
| | 7 | 冲子 | 100 mm | 1 |
| | 8 | 錾子 | 通用 | 1 |
| | 9 | 什锦锉 | $\Phi$15 mm，长 200 mm | 1 |
| | 11 | 专用铝芯棒 | $\Phi$20 mm，长 200 mm | 1 |
| | 12 | 专用铝芯棒 | 通用 | 1 |
| | 13 | 铁榔头 | 通用 | 1 |
| | 14 | 橡皮锤 | 通用 | 1 |
| | 15 | 专用卡圈卸具 | 通用 | 1 |
| | 16 | 专用夹钳 | 通用 | 5 |
| | 17 | 尖嘴钳 | 通用 | 2 |
| | 19 | 斜口钳 | 专用 | 2 |
| | 20 | 叶片专用箱 | 通用 | 1 |
| | 21 | 零件盒 | 通用 | 1 |
| | 22 | 废料盒 | 通用 | 1 |
| | 23 | 插排 | 线长 10 m（根据实际） | 1 |
| | 24 | 插排 | 线长 2 m（根据实际） | 2 |
| 设备 | 1 | 压气机转子转配车架 | 专用 | 1 |
| | 2 | 工作台 | 标准 | 按需 |
| | 3 | 工具车 | 标准 | 按需 |
| 耗材 | 1 | 红色金属铅笔 | 专用 | 1 |
| | 2 | 签字笔 | 通用 | 1 |
| | 3 | 记号笔 | 通用 | 1 |
| | 4 | 纸胶带 | 通用 | 1 |
| | 5 | 细砂纸 | 180 号 | 1 |

| 类别 | 序号 | 名称 | 规格型号 | 数量 |
|---|---|---|---|---|
| 耗材 | 6 | 毛刷 | 通用 | 1 |
| | 7 | 擦布 | 通用 | 1 |
| | 8 | 滑油 | HP-8 | 1 |
| | 9 | 煤油 | RP-3 | 1 |
| 防护用品 | 1 | 线手套 | 通用 | 按需 |
| | 2 | 绢布手套 | 通用 | 按需 |
| | 3 | 护目镜 | 通用 | 按需 |

3. 实操工作要求

1） 一般要求
（1） 检查量具检验合格证、有效期，量具应完好无损。
（2） 检查工作场地有无多余物，应干净整洁。
（3） 按照工量具清单，检查清点工量具的数量、规格，工量具应完好无损。
（4） 准备工作任务单并熟读，明确工作任务，熟悉工作流程和技术标准。
（5） 按工作单的操作步骤完成一项签署一项，签名要工整。
（6） 填写数据要工整、清晰、准确，不得涂改。
（7） 严格按照工作单的操作工序、技术要求、注意事项进行操作。
（8） 安全文明操作，不得强拆强装。

4. 操作前的准备工作

1） 工作前检查
（1） 检查压气机转子应安装牢固。
（2） 检查压气机转子应清洁，叶片无损伤、变形、裂纹等。
（3） 准备叶片存放箱。

2） 电子天平
（1） 接通电源预热，天平处于备用状态。
（2） 打开天平开关，天平处于零位，否则按去皮键。
（3） 放上器皿，读取数字并记录。
（4） 调整电子天平，应处于水平状态。
（5） 保持室内环境卫生。
（6） 天平不可过载使用，以免损坏天平。
（7） 放入天平的物体温度不宜太高，以免损坏仪器，一般不超过 70 ℃。
（8） 称重时周围环境不能有振动，不能使用电风扇。
（9） 称重叶片时要轻拿轻放。
（10） 称重叶片时要关上天平玻璃门。

5. 第九级压气机叶片分解工序

1） 叶片分解前的一般要求
（1） 检查压气机转子安装是否牢固可靠。
（2） 检查第九级压气机叶片有无损伤、变形、磨损、裂纹。

(3) 检查叶片的数量（65 片）。
(4) 检查压气机转子、鼓筒、榫槽有无损伤。
(5) 用纸胶带分别封堵压气机转子鼓筒上的均压孔，防止外来物进入。
(6) 用煤油浸润叶片榫头部分，数分钟后再进行叶片分解。
(7) 保持电子天平量室内的环境卫生。

2）叶片分解
(1) 用手电钻将卡环的止动销扩口部分钻去，用冲子冲下卡环止动销，从观察孔用顶杆将卡环推出槽外，然后将撬具的凹槽卡住卡环，转动压气机转子，将卡环从转子环槽中移出。
(2) 手扶叶片，用胶木棒通过榔头轻敲叶片顶部，通过振动使叶片在榫槽中松动。
注意：
① 钻头直径应小于止动销孔径，注意不要损伤止动销孔。
② 敲击叶片的力度不宜过大，以免造成叶片变形。
(3) 用锤子通过铝棒（$\Phi$18 mm 或 $\Phi$25 mm）敲击叶片榫头端面，使叶片移出榫槽，叶片移出的同时要注意观察芯棒与榫槽和叶片的位置，及时调整芯棒的角度以免损伤榫槽和叶片，分下的叶片按顺序装入叶片箱的小格内。
注意：
① 严禁击打叶片的进、排气边缘。
② 在分解叶片的过程中要始终由一人持住叶片，防止叶片掉地损伤。
③ 在分解过程中要随时调整芯棒击打叶片榫头的角度，以免损伤叶片和轮盘的榫槽。

## 6. 轮盘榫槽和叶片故障检测工序

1）轮盘榫槽故障检测
目视和用放大镜检查。
(1) 检查轮盘外观有无损伤、划痕。
(2) 检查轮盘榫槽有无打伤、卷边、毛刺。
(3) 检查轮盘榫槽内有无锈蚀、腐蚀、裂纹。
注意：榫槽端面如有轻微的毛刺、卷边，可用什锦锉、砂纸打磨修复。

2）叶片故障检测
(1) 检查叶片外观有无机械损伤、变形。
(2) 检查叶尖有无磨损痕迹、卷边、毛刺。
(3) 检查叶片进、排气边缘有无打伤、卷边、毛刺。
(4) 用放大镜（5～10 倍）检查叶片有无裂纹。
注意：叶片进、排气边缘如有轻微打伤，可用抛光砂纸进行打磨抛光修复。

## 7. 第九级压气机叶片称重与排序工序

1）叶片称重前的一般要求
(1) 检查叶片应清洁、干净、无油渍。
(2) 检查叶片的数量、外观，应无损伤、变形。
(3) 检查电子天平，应处于良好状态。
(4) 准备叶片排序的工作台。
(5) 叶片称重时，关闭电风扇。

2）叶片称重
(1) 核对第九级叶片数量并签字，检查叶片表面有无机械损伤，叶片应清洁干净。叶片数量：________片。
(2) 用电子天平称出各叶片的质量，其精确度应为 0.01 g，用红色金属铅笔将称重的质量写在叶片的叶盆处。
注意：
① 称重叶片时要轻拿轻放，以免损坏电子天平。
② 称重后的叶片不能相互重叠，以免划伤叶片。

3）叶片排序
(1) 将称重后的叶片从左向右，从重到轻依次整齐排列在工作台上。
(2) 按叶片质量递减排列完成后，按质量递减顺序在叶片上标注顺序号。
(3) 按照叶片排序图技术要求，完成叶片的排序工作。
(4) 完成排序工作后，按图 6 中的标记“◎”，用调整轻重叶片的方法补偿第九级盘的不平衡量，补偿范围应在 45°弧内，对调叶片的位置见图 6 中标记“◎”。
注意：第九级叶片按排序图应对调叶片数为 4 片。
(5) 用红色金属铅笔在所更换的叶片上分别划上“#”号，然后将原叶片的顺序号改写为更换后叶片位置的顺序号，提交检验员检查确认。
(6) 将排序后叶片的顺序号、质量按顺序记录，在更换叶片后面加注“#”号（自行设计记录表格）。
(7) 按顺序将叶片分别装入叶片箱的小格内。
注意：
① 在记录表中分别在对调叶片号后面标注“#”号。
② 各叶片质量差不得超过 3 g。
③ 相邻叶片的质量差不得超过 0.5 g。

8. 第九级压气机叶片装配工序

1）装配前的一般要求
(1) 核对叶片数量，装配前各工序是否均已完成。
(2) 装配前用毛刷清理轮盘、榫槽内部的脏物和金属屑。
(3) 检查叶片有无损伤、划伤、毛刺。
(4) 检查轮盘榫槽有无损伤、划伤、毛刺。
(5) 在轮盘榫槽底部涂一层清洁滑油。

2）叶片装配
(1) 在第九级叶片鼓筒轻点处，按照调重叶片的数量，定出第一个叶片的安装位置，找到 1 号叶片的安装位置（见轮盘上的标记）。
(2) 在轮盘榫槽的锁片槽内安放新品锁片，用铝芯棒通过榔头轻轻打入槽内，按规定位置顺序用手将叶片插入榫槽的 1/3 处，再用锤子通过夹布胶木棒（$\Phi$18～25 mm）敲打叶片榫头端面，将叶片打入榫槽内，直到叶片榫头端面与榫槽端面齐平。
(3) 用专用工具按顺序将锁片弯曲并锁紧叶片。
注意：
① 敲打叶片时，芯棒随叶片进入榫槽后要调整芯棒的角度，以免损伤叶片的榫槽。
② 锁片锁紧面要完全贴合，不能有间隙。
③ 锁片弯曲处圆滑过渡，允许有间隙。
④ 锁片为一次性使用，只能弯曲一次，不能重复弯曲。
(4) 检查压气机轮盘、榫槽、叶片有无机械损伤和变形。
(5) 用毛刷清理轮盘和叶片上的铝末。

| 9. 叶片装配的测量工序 |
| --- |
| 1）测量前的一般要求<br>（1）检查量具的有效性和外观完好性。<br>（2）检查百分表指针回位情况。<br>（3）准备量具并安装磁性表座。<br>（4）清洁叶片和轮盘上的油迹、铝末。 |
| 2）活动量、凸凹度和间隙测量<br>（1）用塞尺检查锁片与榫槽端面，允许有不大于 0.15 mm 的间隙。<br>实测间隙：________ mm<br>（2）用塞尺检查每一片叶片榫头端面对轮盘的凹凸度和轴向活动量，应不大于 0.4 mm。<br>实测凸凹度：________ mm<br>实测轴向活动量：________ mm<br>（3）叶片切向活动量测量：将百分表的测头压在叶片距叶尖 5 mm 处，使测头与榫槽中心线垂直，手持叶根 1/3 处，晃动叶片根部，检查叶片活动量。<br>规定值：0～0.6 mm<br>实测值：________mm<br>注意：晃动叶片根部，力度不能过大（不大于 0.5 kg），否则易造成叶片变形。 |
| 3）压气机叶片装配后的质量检查<br>（1）检查压气机叶片在转子上的安装固定情况。<br>（2）检查压气机叶片安装的正确性。<br>（3）检查压气机叶片有无打伤、变形、划伤。<br>（4）检查叶片保险锁片有无错打、漏打或保险的质量问题。<br>（5）检查叶片质量记录的正确性和完整性。 |
| 10. 实训任务结束 |
| 1）结束后的工作<br>（1）清洁导管、机件上的标记和封堵。<br>（2）清点工量具。<br>（3）清理、清扫工作现场。<br>（4）检查工作单签字情况并提交工单。 |
| 11. 考核 |
| 1）实操<br>（1）掌握工具的选用和使用。<br>（2）严格按照工作单的操作步骤、技术要求，完成部件和附件的分解、故障检测、装配、测量、签署等工作任务。<br>（3）熟知工作单的有关技术规定、工作要求、注意事项，具有发现、分析和解决问题的能力。<br>（4）掌握一般性故障检查、故障描述、故障分析。<br>（5）按基本技能技术要求对紧固件实施相应的保险。<br>（6）完成工作任务后对所做工作进行自检，清洁整理工作现场，检查并清点工量具。 |

2）理论
(1) 简述压气机叶片的排序规律和排序原则。
(2) 简述叶片称重排序的目的，叶片排序与发动机振动的关系。
(3) 简述影响发动机振动的原因。
(4) 简述发动机振动对飞行安全的影响。
(5) 简述压气机各级叶片的锁紧形式。
(6) 简述压气机各级叶片的材料。

# 任务 3　后机匣部件的分解与装配

## 1. 实训目标

| | |
|---|---|
| 知识目标 | (1) 了解常用工量具和工装的种类、规格和使用方法。<br>(2) 掌握发动机后机匣（主燃烧室）部件的拆装分解、故障检查、测量、装配的基本技能和理论知识。<br>(3) 掌握发动机后机匣部件的组成、功能和工作原理。<br>(4) 了解后机匣的结构和装配关系。<br>(5) 了解火焰筒的结构、组成、功能、工作原理以及气膜冷却的基本原理。<br>(6) 了解起动点火器的结构、组成、功能和装配技术要求。<br>(7) 了解主副油路的装配、故障检查、修理的工作流程和技术要求。<br>(8) 了解主燃油工作喷嘴的结构、组成和工作原理。 |
| 能力目标 | (1) 能正确使用工量具和专用工装，并掌握使用技巧。<br>(2) 能识读工艺装配图，按照装配图开展各零组件的分解和装配工作。<br>(3) 能按照工作单的操作步骤、技术要求，开展起动点火装置的分解、故障检查、修理和装配。<br>(4) 能按照工作单的操作步骤、技术要求，开展主副油路管路的拆卸、故障检查、校正和装配。<br>(5) 能按照工作单的操作步骤、技术要求，开展主燃油工作喷嘴的拆卸、故障检查、修理和装配。<br>(6) 能按照工作单的技术要求，开展起动点火器和工作喷嘴安装座平面粗糙度的检查、研磨和测量工作。<br>(7) 有独立分析和解决问题的能力。 |

## 2. 后机匣部件的分解与装配

| | | | | | |
|---|---|---|---|---|---|
| 题名 | 后机匣部件的分解与装配 | | | | |
| 机型 | | | 机号 | | |
| 工作区域 | | | 版本 | | |
| 编写 | | 审核 | | 批准 | |
| 日期 | | 日期 | | 日期 | |
| 工作台位 | | 工作小组 | | | |
| 开始时间 | | | 结束时间 | | |

| 1. 实训基本要求 |
|---|
| 1）技术要求<br>（1）分解前首先要对所拆卸的机件、管路、电路系统的保险进行拆除。<br>（2）螺纹连接件拧紧时，应对称、分次预拧紧，按顺序逐步拧紧全部螺纹连接件。<br>（3）用手将螺母拧到接头上，直到螺母与管接嘴（或凸缘）接触为止，然后拧紧。螺母螺栓拧紧时，如有紧涩、卡滞现象，不得强行拧入。<br>（4）从胶圈表面与接头上凸缘相接触的瞬间开始拧紧外套螺母：M22×1.5 以下的螺纹，扳手转动角度为 60°±10°。M24×1.5 的螺纹，扳手转动角度为 40°±10°（按外套螺母棱边的移动量来计算角度）。<br>（5）必须使用双扳手拆卸和装配。 |
| 2）技术图样 |

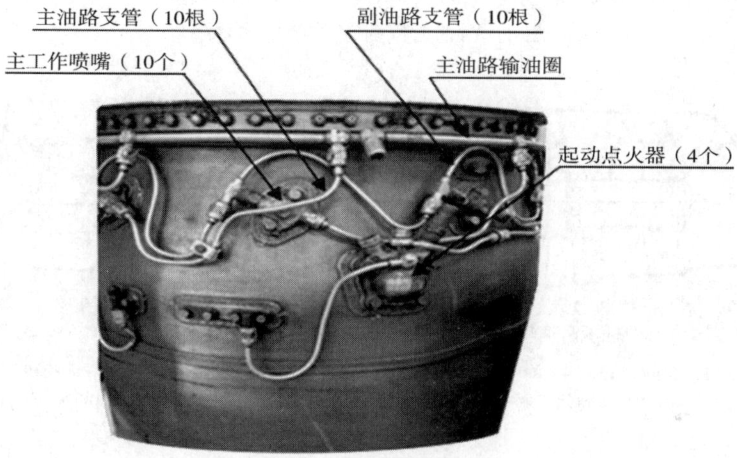


图 1　后机匣实物图

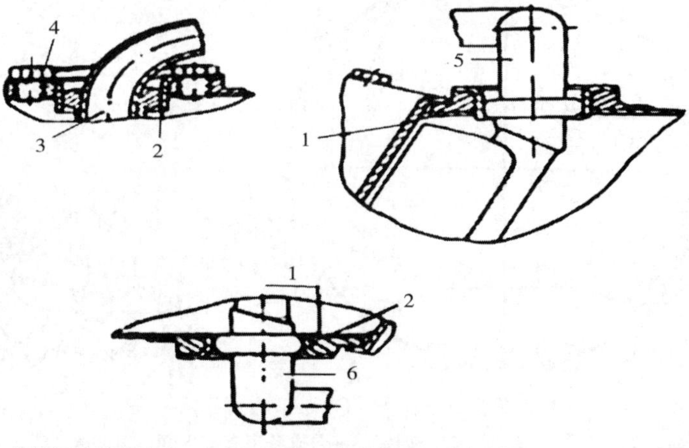


1—后机匣；2—滑油回油管接合盘；3—通气管；4—接合盘固定螺栓；5，6—中、后轴承壳体的回油管

图 2　滑油回油管安装示意图

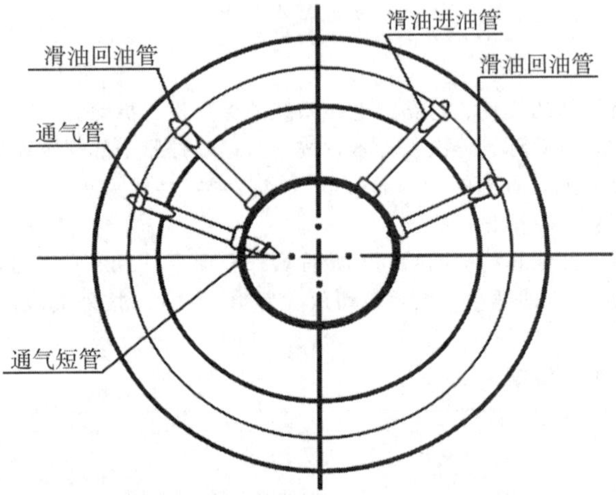


图 3　滑油管安装（后视）示意图

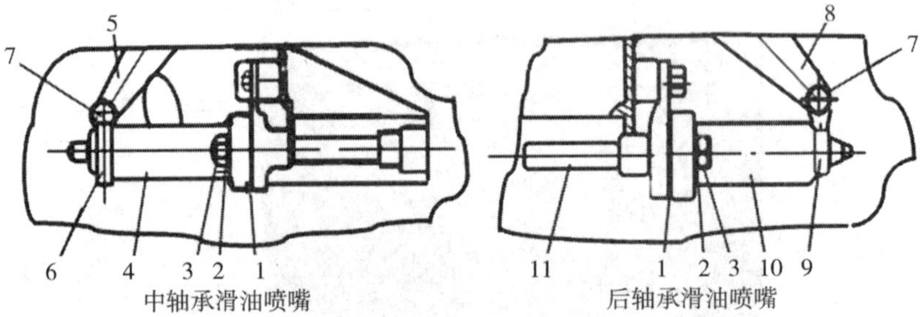


1—垫子；2—保险片；3—滑油喷嘴固定螺栓；4—中轴承滑油喷嘴；5，8—滑油喷嘴固定支架；6，9—滑油喷嘴固定卡箍；7—螺栓；10—后轴承滑油喷嘴；11—滑油喷嘴进油管

图 4　中后轴承安装示意图

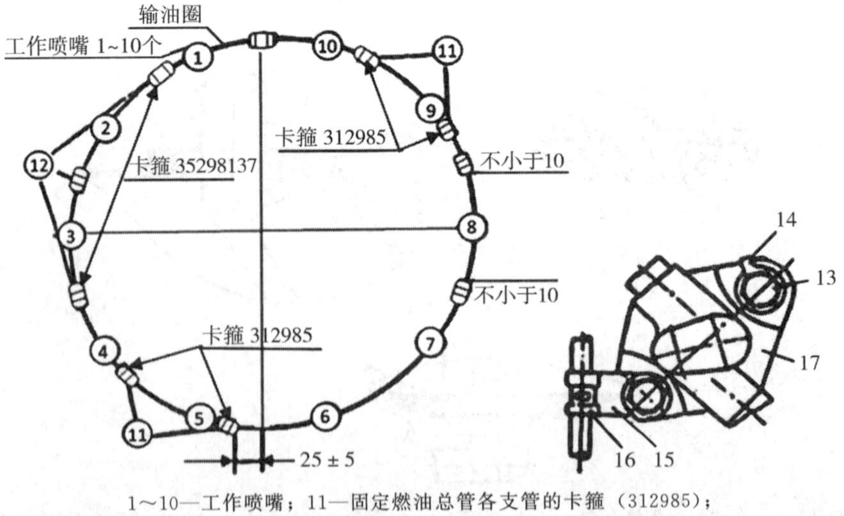


1～10—工作喷嘴；11—固定燃油总管各支管的卡箍（312985）；
12—固定燃油总管各支管的卡箍（35298137）；13—固定工作喷嘴的螺栓；14—保险锁片；
15—在 6 号工作喷嘴上固定主燃油总管各支管的卡箍；16—卡箍下橡皮带；17—燃油喷嘴安装座

图 5　主燃油工作喷嘴安装示意图

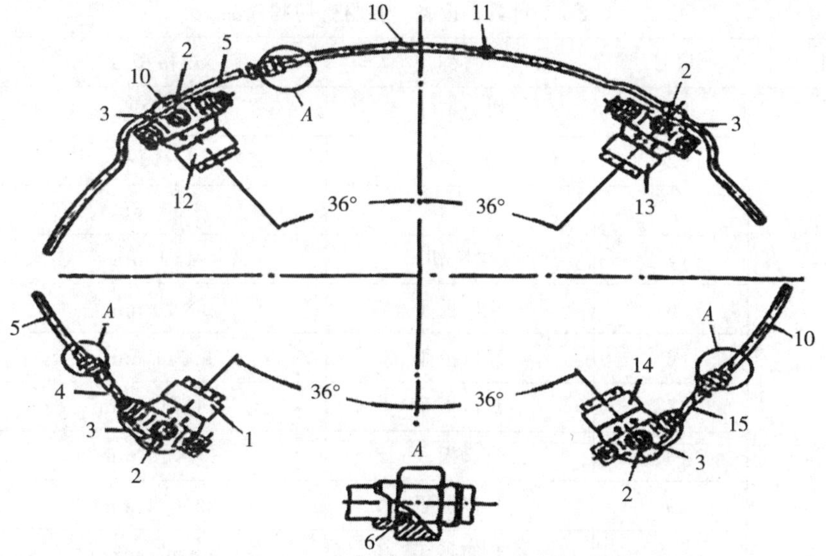


1—左下方的点火器；2—总管管嘴；3—起动喷嘴；4—总管的支管（组合件 3503896）；
5—总管的支管（组合件 3503895）；6—封严圈（零件 2525567）；10—总管的支管（组合件 3503894）；
11—总管供油接嘴；12—左上方的点火器；13—右上方的点火器；
14—右下方的点火器；15—总管的支管（组合件 3503893）

图 6　起动点火器安装示意图

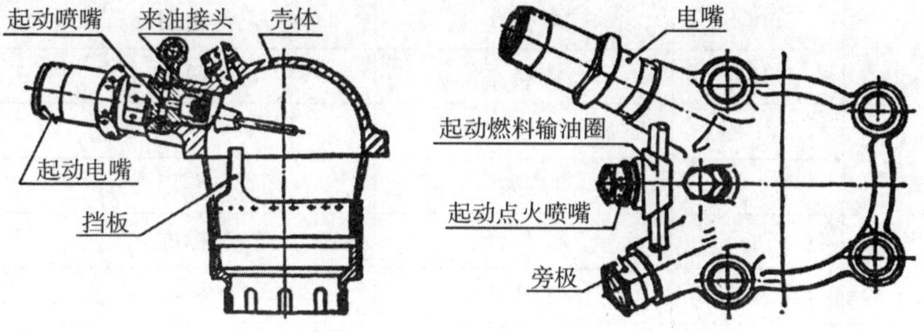


图 7　起动点火器结构示意图

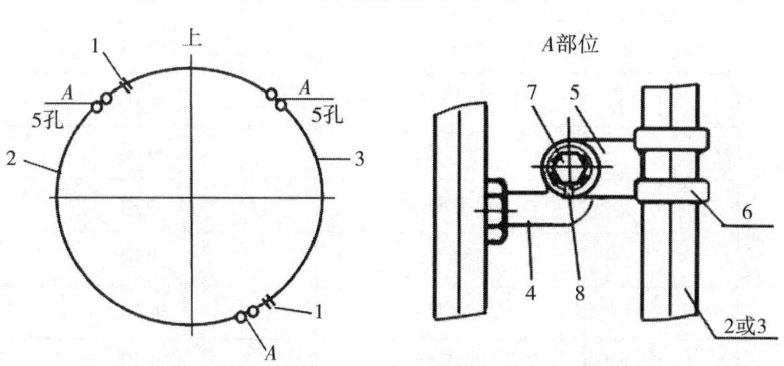


1—半环分环处；2，3—主燃油总管半环；4—连接螺栓；
5—固定半环卡箍；6—卡箍下橡皮带（零件 3525414）；7—固定卡箍的螺栓；8—保险锁片

图 8　主燃油总管半环连接示意图

| 2. 工量具、设备、耗材、防护用品 | | | | |
|---|---|---|---|---|
| 类别 | 序号 | 名称 | 规格型号 | 数量 |
| 工量具 | 1 | 扭力扳手 | 5～25 N·m | 1 |
| | 2 | 放大镜 | 5～10 倍 | 1 |
| | 3 | 斜口钳 | 150 mm | 2 |
| | 4 | 尖嘴钳 | 150 mm | 2 |
| | 5 | 开口扳手 | $8\times10$ mm$^2$ | 2 |
| | 6 | 开口扳手 | $9\times11$ mm$^2$ | 2 |
| | 7 | 开口扳手 | $14\times17$ mm$^2$ | 2 |
| | 8 | 开口扳手 | $17\times19$ mm$^2$ | 2 |
| | 9 | 开口扳手 | $22\times24$ mm$^2$ | 2 |
| | 10 | 套筒扳手 | $S=9$ mm | 2 |
| | 11 | 套筒扳手 | $S=10$ mm | 2 |
| | 12 | 铁榔头 | 250 g | 1 |
| | 13 | 橡皮锤 | 300 g | 1 |
| | 14 | 零件盒 | 通用 | 3 |
| | 15 | 废料盒 | 通用 | 1 |
| 设备 | 1 | 后机匣装配车架 | 专用 | 1 |
| | 2 | 货架 | 专用 | 1 |
| | 3 | 工作台 | 标准 | 按需 |
| | 4 | 工具车 | 标准 | 按需 |
| 耗材 | 1 | 签字笔 | 通用 | 1 |
| | 2 | 记号笔 | 通用 | 1 |
| | 3 | 纸胶带 | 通用 | 1 |
| | 4 | 细砂纸 | 180 号 | 1 |
| | 5 | 毛刷 | 通用 | 1 |
| | 6 | 擦布 | 通用 | 1 |
| | 7 | 油石 | 通用 | 按需 |
| 防护用品 | 1 | 线手套 | 通用 | 按需 |
| | 2 | 绢布手套 | 通用 | 按需 |
| | 3 | 护目镜 | 通用 | 按需 |

| 3. 实操工作要求 |
| --- |
| 1）一般要求<br>（1）检查量具检验合格证、有效期，量具应完好无损。<br>（2）检查工作场地有无多余物，应干净整洁。<br>（3）按照工量具清单，检查清点工量具的数量、规格，工量具应完好无损。<br>（4）准备工作任务单并熟读，明确工作任务，熟悉工作流程和技术标准。<br>（5）按工作单的操作步骤完成一项签署一项，签名要工整。<br>（6）填写数据要工整、清晰、准确，不得涂改。<br>（7）严格按照工作单的操作工序、技术要求、注意事项进行操作。<br>（8）安全文明操作，不得强拆强装。 |
| 4. 后机匣分解工序 |
| 1）分解前的一般要求<br>（1）检查后机匣部件安装固定情况。<br>（2）检查后机匣外部导管是否齐全，有无损伤、变形、压坑、缺失。<br>（3）检查点火器有无损伤、缺件。<br>（4）检查工作喷嘴有无损伤、缺件。 |
| 2）后机匣内部管路分解<br>（1）分解前首先确定第一号主工作喷嘴的位置并做好标记。<br>（2）在安装车上将后机匣转成在发动机上的水平安装位置，从后向前看（顺航向），以转子的旋转方向（逆时针），后机匣垂直中心位置靠左边的第一个喷嘴，即第一号主工作喷嘴，依此确定 10 个工作喷嘴，将 10 个工作喷嘴分别做好标记。<br>（3）工作喷嘴的顺序号可作为主油路和副油路导管的顺序标号，分别用标签纸将主副油路导管标出顺序号。<br>（4）松开主油路和副油路导管上所有卡箍和保险丝保险，拆卸卡箍之前将卡箍位置在导管上的安装位置做好标记。<br>注意：拆卸保险丝保险时，应先将穿孔的一根剪断，依次拆除其他的保险。拆下的保险丝应是完整的一根。严禁强行拆除保险。<br>（5）拆除输油圈卡箍固定螺栓，取下卡箍。<br>（6）拆卸起动系统输油圈导管连接螺母。<br>（7）拆卸起动喷嘴和起动输油圈导管。<br>（8）拆下其他 3 个点火器的起动喷嘴。<br>（9）拆除左上方的起动点火器固定螺栓锁片保险，松开螺栓并取下点火器。<br>（10）拆下其他 3 个起动点火器。<br>注意：拆卸前将点火器安装位置做好编号标记。<br>（11）按顺序从主油路供油半环和工作喷嘴上拆下主油路各支管（共计 10 根）。<br>注意：拆卸前先将导管按主工作喷嘴的顺序编号，在主油路支管上标注序号。<br>（12）拆下主油路的半环。<br>（13）按顺序从主工作喷嘴上拆下慢车副油路各支管（共计 10 根）。<br>（14）拆除第一号主工作喷嘴固定螺栓锁片保险，松开螺栓并取下，取下主工作喷嘴，封堵喷嘴出油口。<br>（15）拆下其余工作喷嘴（共计 10 个喷嘴）。<br>注意：<br>① 拆下的各导管、工作喷嘴，应及时将裸露的孔进行封堵。<br>② 将拆下的各导管、喷嘴整齐摆放在货架上。 |

| |
|---|
| 3）后机匣内部管路分解<br>(1) 拆除滑油通气短管固定螺栓锁片保险，松开螺帽并取下，取下通气短管。<br>(2) 拆除通气管接合盘与燃烧室外壳间的锁片保险，松开固定螺栓。<br>(3) 从轴承机匣上拆除通气管固定螺栓锁片保险，松开螺帽并取下，取下通气管。<br>(4) 拆下中、后轴承壳体的滑油回油管。<br>(5) 拆除通往轴承的滑油进油管卡箍固定螺栓锁片保险，松开螺帽并取下。<br>(6) 拆除通往轴承的滑油进油管接合盘固定螺栓锁片保险，松开螺帽并取下，从后机匣上拆下进油管和隔热筒卡圈。<br>(7) 拆除第九级压气机后的输气管固定螺栓锁片保险，松开螺帽并取下，取下输气管。<br>(8) 拆除后轴承滑油喷嘴卡箍固定螺栓锁片保险，松开螺母并取下，取下滑油喷嘴。<br>(9) 拆下中轴承滑油喷嘴。<br>注意：<br>① 拆下的各导管、滑油喷嘴应及时进行封堵。<br>② 将拆下的各导管、喷嘴整齐摆放在货架上。 |
| 5. 后机匣零组件故障检测工序 |
| 1）后机匣内外套故障检测<br>目视和用放大镜检查。<br>(1) 检查后机匣内外表面有无机械损伤、烧蚀、裂纹。<br>(2) 检查后机匣第九级整流叶片有无机械损伤、烧蚀、裂纹。 |
| 2）导管、喷嘴零组件故障检测<br>(1) 检查所有导管外观有无机械损伤、变形、裂纹、划痕。<br>(2) 检查导管接头密封结合面有无纵向划痕、压伤，螺纹有无损伤、毛刺。<br>(3) 检查主工作喷嘴（10个）安装面和后机匣结合面上的石棉封严垫是否有残留物，检查结合面是否有划伤、毛刺。<br>(4) 检查主工作喷嘴表面有无损伤、积碳、堵塞。<br>(5) 检查起动工作喷嘴安装面有无损伤、积碳、堵塞。<br>(6) 检查起动点火器（4个）和机匣结合面上的石棉封严垫是否有残留物，检查结合面是否有划伤、毛刺。<br>注意：<br>① 点火器、工作喷嘴石棉封严垫为一次性使用，需更换新品石棉封严垫。<br>② 封严胶圈为一次性使用，需更换新品封严胶圈。<br>③ 止动垫圈为一次性使用，需更换新品垫圈。 |
| 6. 后机匣零组件装配工序 |
| 1）安装前的一般要求<br>(1) 使用双扳手拧紧导管，防止导管变形。<br>(2) 安装导管时注意导管的间隙、偏斜度、同轴度。<br>(3) 安装导管时才允许将管口上的封堵拆下。<br>(4) 止动垫圈为一次性使用，需更换为新品。<br>(5) 封严橡胶圈为一次性使用，需更换为新品。 |

2）后机匣内部管路装配
(1）在后机匣安装车上将后机匣转成水平位置，使后安装边向后。
(2）将中轴承滑油喷嘴安装到安装座上并锁紧，在卡箍固定螺栓上安装新品锁片并拧紧螺栓。
(3）将后轴承滑油喷嘴安装到安装座上并锁紧，在卡箍固定螺栓上安装新品锁片并拧紧螺栓。
(4）将输气管安装到第九级压气机后面的安装座上，在卡箍固定螺栓上安装新品锁片并拧紧螺栓。
(5）将进油管和隔热筒卡圈安装在后机匣的接合盘上，在卡箍固定螺栓上安装新品锁片并拧紧螺栓。
(6）安装通往轴承的滑油进油管，在卡箍固定螺栓上安装新品锁片并拧紧螺栓。
(7）将通气管安装在轴承机匣上，在卡箍固定螺栓上安装新品锁片并拧紧螺栓。
(8）安装通气管接合盘与燃烧室外壳间的固定螺栓，在卡箍固定螺栓上安装新品锁片并拧紧螺栓。
(9）装上中、后轴承壳体的滑油回油管。
(10）安装通气短管，在卡箍固定螺栓上安装新品锁片并拧紧螺栓。

3）主喷嘴、慢车和主油路在后机匣上的装配
(1）在后机匣安装车上将后机匣转成垂直位置，使后安装边向下。
(2）检查燃油总管，在确保没有故障的情况下可进行安装。
(3）在主燃油工作喷嘴安装座下安装垫片，在固定螺栓上安放新品锁片，将第 1 号工作喷嘴安装在后机匣上，用螺栓固定。
(4）按标记顺序将其余的工作喷嘴（9 个）安装在后机匣喷嘴安装座上。
注意：
① 安装主燃油工作喷嘴时，按已标记顺序安装。
② 主燃油工作喷嘴没有防错装置，容易导致喷嘴的方向装反，安装时要注意检查。
(5）工作喷嘴紧固螺栓打力矩：
规定力矩值：9.81～11.77 MPa
实际值：________ MPa
(6）在慢车油路各支管螺纹上涂少许滑油，在管嘴上安放新品密封圈后连接其余 9 个慢车总管各支管，用手拧入 3～4 扣螺纹即可。
(7）在主油路半环的管嘴上安放新品封严圈，在螺纹上涂少许滑油，然后将半环装在后机匣上并将两半环连接起来。
(8）在主油路各支导管的螺纹处涂少许滑油，在管嘴上安放封严圈后将主燃油总管的各支管与主油路输油圈连接起来，用手拧入 3～4 扣螺纹即可。
(9）逐个、分次将慢车油路和主油路各支管拧紧。
注意：各支管螺母拧紧角度按技术要求规定，M22×1.5 以下的螺纹，扳手转动角度为 60°±10°。
(10）检查上述连接导管的拧紧度和工作喷嘴在后机匣上的固定情况。
(11）检查导管的间隙：
① 检查主燃油总管的半环与第二、第三及第八工作喷嘴的慢车总管各支管的间隙不小于 3.5 mm。
② 其他工作喷嘴保持间隙不小于 2.5 mm。
③ 刚性结合处间隙应不小于 0.5 mm。
(12）完成安装后对紧固件实施保险。
注意：总管的支管与后机匣的其他零件之间无间隙或不能安装固定支管的卡箍时，可利用木芯棒与橡皮锤将支管矫正，无需从后机匣上取下支管。

4）起动点火器在后机匣上的装配
(1) 检查固定点火器安装座的平面与平台的贴合度，安装座至少应有80%的面积吻合无间断，吻合度不够时研磨安装座。
(2) 在后机匣左部起动点火器安装座上分别放置密封垫，装上点火器（2个），在点火器固定螺栓上装入止动垫圈，将螺栓拧紧并锁紧。
(3) 在后机匣右部起动点火器安装座上分别放置密封垫，装上点火器（2个），在点火器固定螺栓上装入止动垫圈，将螺栓拧紧并预紧。
(4) 点火器紧固螺栓打力矩：
规定值：9.81～11.77 N·m
实际值：________N·m
(5) 在导管10的管嘴上套好封严圈并装上导管15。
(6) 在喷嘴3上套垫片6、导管15的管嘴2与第二垫片7，然后将喷嘴装入点火器。
(7) 将喷嘴安装到点火器13上。
(8) 在导管10的管嘴上套好封严圈并安装导管5。
(9) 将喷嘴安装到点火器12上。
(10) 在导管5的管嘴上套封严圈并安装导管4。
(11) 将起动喷嘴安装到点火器1上。
(12) 用扳手将4个点火喷嘴拧紧。
(13) 拧紧导管4、5、10和15之间的连接螺母。
(14) 用卡箍固紧主燃油总管各支管。
(15) 总管的支管与其他零件的间隙应不小于2 mm。
(16) 用止动垫圈锁紧固定点火器的螺栓。
(17) 完成安装后对紧固件实施保险。

5）后机匣上各导管、喷嘴装配后的质量检查
(1) 检查后机匣内部导管装配固定情况。
(2) 检查外部所有管子结合处的拧紧度和工作喷嘴在后机匣上的固定情况。
(3) 检查起动点火器、各支管装配固定情况。
(4) 保持主燃油总管的半环与第二、第三和第八工作喷嘴的慢车总管各支管之间的间隙不小于3.5 mm，其他工作喷嘴保持间隙不小于2.5 mm，在刚性结合处应不小于0.5 mm。
(5) 检查所有连接导管与导管、导管与机匣的间隙应不小于3 mm。
(6) 检查各导管接头、插头、卡箍的拧紧度和安装正确性。
(7) 检查各处保险有无错、漏打和保险质量情况。

7. 实训任务结束

1）结束后的工作
(1) 清除导管、机件上的标记。
(2) 清点工量具。
(3) 清理、清扫工作现场。
(4) 检查工作单的签字情况并提交工单。

| 8. 考核 |
| --- |
| 1）实操<br>(1) 掌握工具的选用和使用。<br>(2) 能按照工作单的操作步骤、技术要求，完成部件和附件的分解、故障检测、装配、测量、调试、签署等工作任务。<br>(3) 在实操过程中无错装、漏装、多装。<br>(4) 熟知工作单的有关技术规定、工作要求、注意事项，具有发现、分析和解决问题的能力。<br>(5) 掌握一般性故障检查、故障描述、故障分析。<br>(6) 按基本技能技术要求对部件和附件的紧固件实施保险。<br>(7) 完成工作任务后对所做工作进行自检，清洁整理工作现场，检查并清点工量具。 |
| 2）理论<br>(1) 主燃烧室（后机匣）是什么形式的燃烧室？<br>(2) 简述主燃烧室的功能。<br>(3) 简述主燃烧室的组成。<br>(4) 火焰筒由几个部分组成？<br>(5) 主燃油工作喷嘴有无防错装置？<br>(6) 简述主燃油工作喷嘴（1～10 号）在后机匣上的排列顺序。<br>(7) 简述火焰筒的结构形式。<br>(8) 简述火焰筒的气膜冷却原理。 |

# 任务 4　加力扩散器的分解与装配

## 1. 实训目标

| | |
|---|---|
| 知识目标 | (1) 了解常用工量具和工装的种类、规格和使用方法。<br>(2) 识读部件和附件的装配图、装配关系和零组件图号。<br>(3) 掌握加力扩散器部件的分解、故障检查、测量、装配操作的基本技能。<br>(4) 掌握加力预燃室、火焰稳定器、整流支板、加力输油圈的分解、故障检查、测量和装配操作的基本技能。<br>(5) 了解加力扩散器部件的组成、构造、功能和工作原理。<br>(6) 了解火焰稳定器的基本结构、功能和稳定燃烧的基本原理。<br>(7) 了解整流支板的结构、功能和整流基本原理。<br>(8) 了解加力预燃室的结构、组成、功能以及点火装置的工作原理。<br>(9) 了解加力扩散器热端部件常见的烧蚀、裂纹故障原因。<br>(10) 了解加力预燃室点火装置及发动机加力接不通的常见故障和原因分析。<br>(11) 了解发动机高空加力接不通对飞行安全的影响。 |
| 能力目标 | (1) 能正确使用工量具和专用工装，开展发动机部件和附件的分解、测量和装配工作。<br>(2) 能识读工艺装配图，掌握各组件的装配关系。<br>(3) 能正确使用工具，按工作单技术要求，开展加力扩散器各部件的分解、测量和装配工作。<br>(4) 能熟记装配图中各零组件图号，掌握零组件的装配位置和装配技术要求。<br>(5) 能对热端部件产生裂纹的原因进行分析，并依据技术标准提出修理意见。<br>(6) 能对热端部件产生的裂纹采取打止裂孔的方法进行修理。<br>(7) 能对分解的零部件进行故障检查、判定，并提出修理意见。<br>(8) 能对发动机高空加力接不通的常见故障进行分析并提出排除意见。<br>(9) 有独立分析和解决问题的能力。 |

## 2. 加力扩散器的分解与装配

| | | | | | |
|---|---|---|---|---|---|
| 题名 | 加力扩散器的分解与装配 | | | | |
| 机型 | | | 机号 | | |
| 工作区域 | | | 版本 | | |
| 编写 | | 审核 | | 批准 | |
| 日期 | | 日期 | | 日期 | |
| 工作台位 | | 工作小组 | | | |
| 开始时间 | | | 结束时间 | | |

| 1. 实训基本要求 |
| --- |
| 1）技术要求<br>（1）分解前首先要对所拆卸的机件、管路、电路系统的保险进行拆除。<br>（2）管路装配前应将螺纹连接处涂上一层二硫化钼（防粘剂）。<br>（3）螺纹连接件拧紧时，应对称、分次预拧紧，按顺序逐步拧紧全部螺纹连接件。<br>（4）用手将螺母拧到接头上，直到螺母与管接嘴（或凸缘）接触为止，然后拧紧。螺母螺栓拧紧时，如有紧涩、卡滞，不得强行拧入。<br>（5）必须使用双扳手拆卸和装配。<br>（6）空气管和后燃油总管进油接头的凸出量不大于 35 mm，进油接头中心线偏移不大于 5 mm。<br>（7）空气管、后燃油总管、整流支板内壁等零件的间隙应不大于 2 mm。<br>（8）半球形件与管子的间隙应不大于 0.2 mm，不允许沿半球全深度进入，允许塞尺被咬住（塞尺宽度 3 mm，厚 0.2 mm）。 |
| 2）技术图样<br>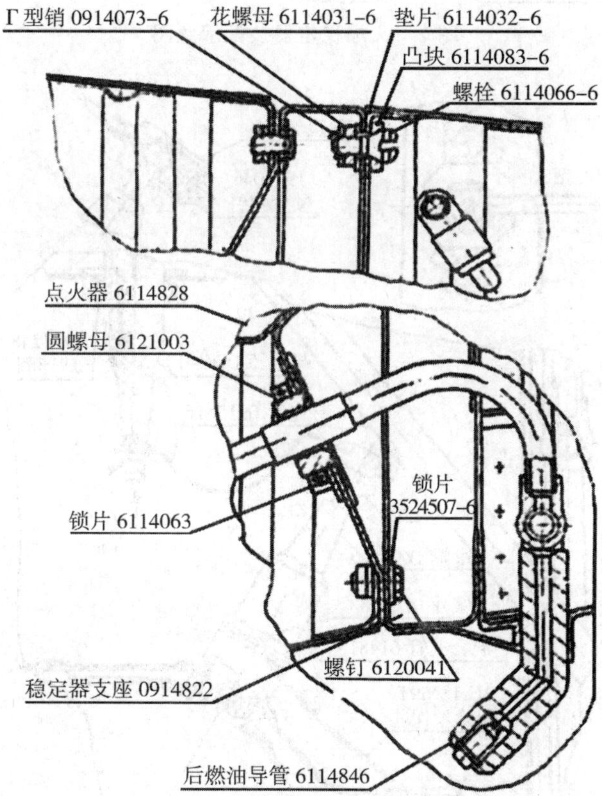<br><br>图 1　加力扩散器装配示意图 |

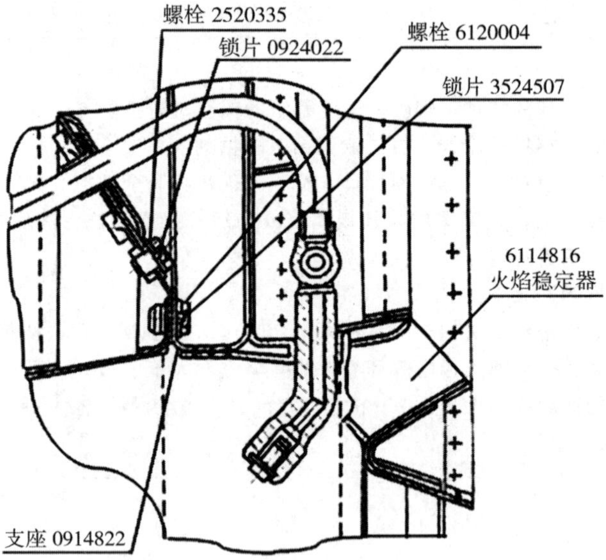


图 2　火焰稳定器装配示意图

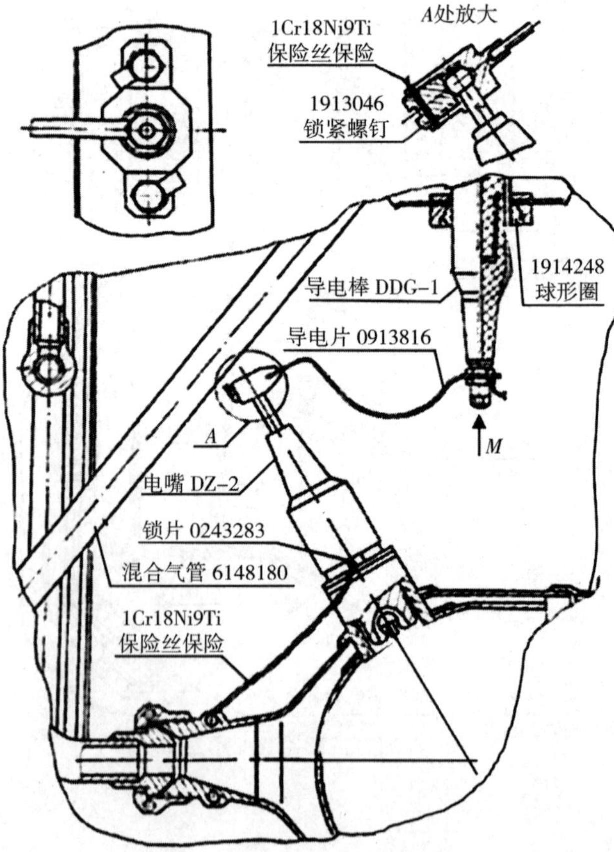


图 3　导电棒和电嘴装配示意图

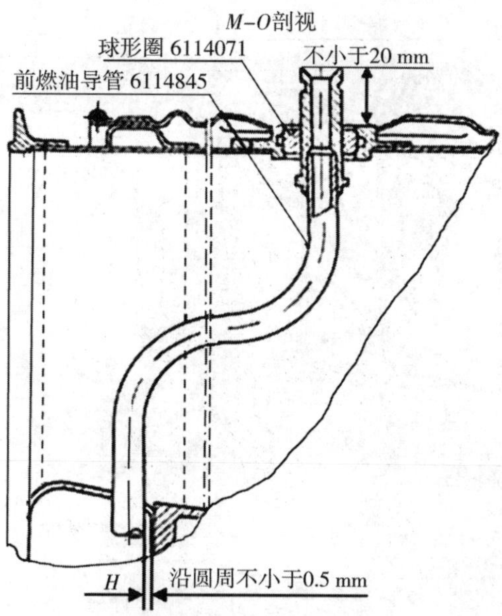


图 4　前燃油导管装配示意图

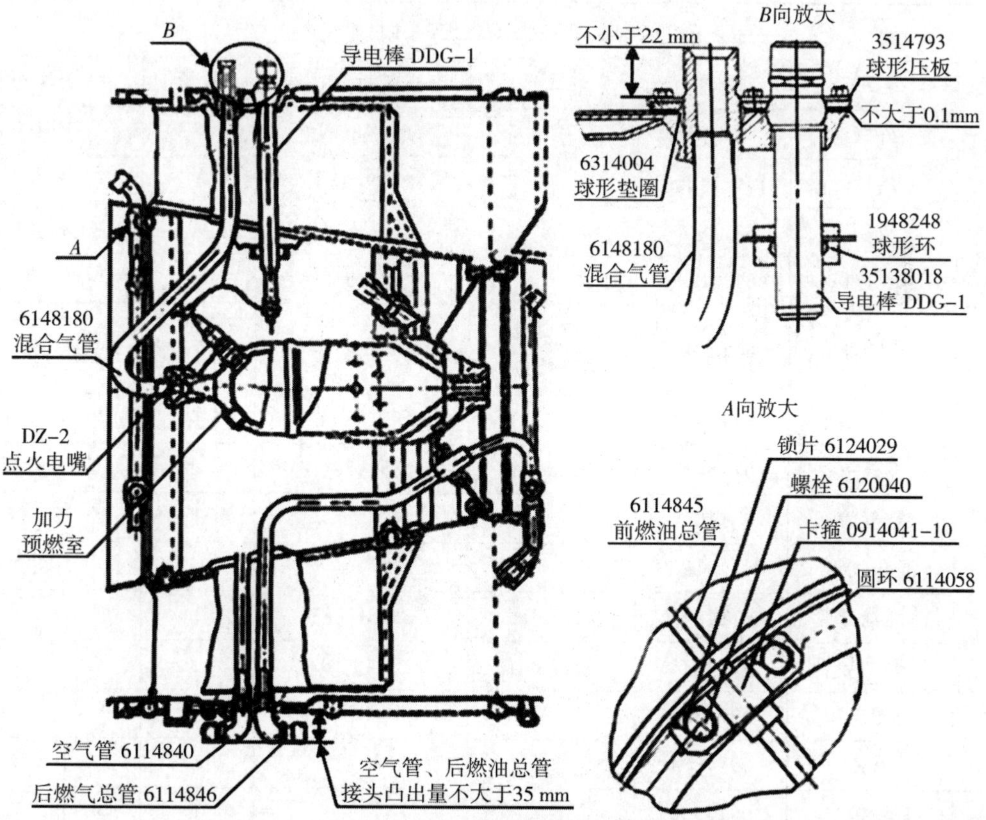


图 5　加力预燃室装配示意图

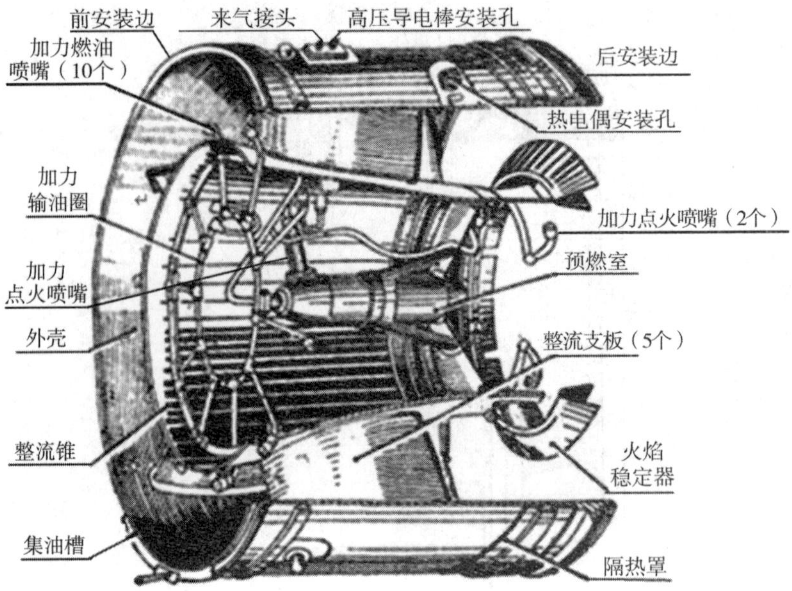


图 6　扩散器内部结构示意图

2. 加力扩散器零组件配套目录

| 序号 | 名称 | 图号 | 老式号 | 老式扩散器图号 | 数量 | 附注 |
|---|---|---|---|---|---|---|
| 1 | 外壁 | 6114914 | | 35148187 | 1 | GH140 |
| 2 | 内壁 | 811-14810 | | 35148186 | 1 | 1Cr18Ni9Ti |
| 3 | 支板 | 6114906 | | | 5 | GH30 |
| 4 | 点火器 | 6114828 | | 0914852 | 1 | GH140 |
| 5 | 稳定器 | 6114816 | 6114821<br>6114817 | | 1 | GH140 |
| 6 | 上外罩 | 6114814 | 6114833 | 3514833 | 1 | 1Cr18Ni9Ti |
| 7 | 下外罩 | 6118415 | 6118434 | 3514834 | 1 | 1Cr18Ni9Ti |
| 8 | 空气管 | 6114840 | | | 1 | |
| 9 | 混合气管 | 6148180 | | | | |
| 10 | 前燃油导管 | 6114845 | 6114 835 | 35148 087 | 1 | |
| 11 | 后燃油导管 | 6114846 | 6114 837 | 35148 183 | 1 | |
| 12 | 支座 | 0914822 | | | 1 | |
| 13 | 箍带 | 0914804 | | | 1 | |
| 14 | 箍带 | 0914805 | | | 1 | |
| 15 | 卡箍 | 0914041 | | | 10 | |

| 序号 | 名称 | 图号 | 老式号 | 老式扩散器图号 | 数量 | 附注 |
|---|---|---|---|---|---|---|
| 16 | 垫子 | 0914056 | | | 2 | |
| 17 | Γ型销 | 0914073 | 811-14132 | | 6 | |
| 18 | 半球 | 0914302 | | | 1 | |
| 19 | 半球 | 0914303 | | | 1 | |
| 20 | 球形圈 | 1914248 | | | 1 | |
| 21 | 球形件盖 | 3514304 | | | 1 | |
| 22 | 球面盖 | 3514449 | | | 1 | |
| 23 | 球形压板 | 3514793 | | | 1 | |
| 24 | 花螺母 | 6114031 | | | 6 | |
| 25 | 垫片 | 6114032 | | | 6 | |
| 26 | 圆环 | 6114058 | 6114055 | 0914039 | 1 | |
| 27 | 螺栓 | 6114066 | | | 6 | |
| 28 | 锁紧垫圈 | 6114063※ | 53156K※ | | | |
| 29 | 球形圈 | 6114071 | | | 1 | |
| 30 | 凸块 | 6114083 | 0914066 | | 6 | |
| 31 | 球形垫圈 | 6314004 | | | 1 | |
| 32 | 螺塞 | 1913048 | | | 1 | |
| 33 | 导电片 | 0913816 | | | 1 | |
| 34 | 导电棒 | DDG-1 | СД-108А | | 1 | |
| 35 | 电嘴 | DZ-2 | П-11 | | 1 | |
| 36 | 螺栓 | 0920014 | 3520321 | | 16 | |
| 37 | 螺栓 | 3320200 | | 3320300 | 10 | |
| 38 | 螺栓 | 6120037 | | | 10 | |
| 39 | 螺栓 | 6120040 | 0920016 | | 20 | |
| 40 | 螺栓 | 6120041 | 3120538 | | 6 | |
| 41 | 圆螺母 | 6121003 | 6121001 | | 1 | |
| 42 | 锁片 | 0240010 | 3524630 | | 16 | |
| 43 | 锁片 | 0243283 | | | 1 | |
| 44 | 锁片 | 3524507 | | | 6 | |
| 45 | 锁片 | 3524620※ | | 3524620 | 5 | |
| 46 | 锁片 | 3524621※ | | 3524621 | 5 | |

| 序号 | 名称 | 图号 | 老式号 | 老式扩散器图号 | 数量 | 附注 |
|---|---|---|---|---|---|---|
| 47 | 锁片 | 6124029※ | 3524645 | | 20 | |
| 48 | 堵盖 | 0273021 | 3127213 | | 4 | |
| 49 | 堵盖 | 3527003 | | | 1 | |
| 50 | 支座 | | 3514795 | 3514795 | 1 | |
| 51 | 衬垫 | | 3514397 | 3514797 | 1 | |
| 52 | 锁片 | | | 0924022※ | 2 | |
| 53 | 螺栓 | | | 2520335 | 6 | |

3. 工量具、设备、耗材、防护用品

| 类别 | 序号 | 名称 | 规格型号 | 数量 |
|---|---|---|---|---|
| 工量具 | 1 | 游标卡尺 | 通用 | 1 |
| | 2 | 扭力扳手 | 5～25 N·m | 1 |
| | 3 | 塞尺 | 0～2 mm | 1套 |
| | 4 | 放大镜 | 5～10倍 | 1 |
| | 5 | 斜口钳 | 通用 | 2 |
| | 6 | 尖嘴钳 | 通用 | 2 |
| | 7 | 开口扳手 | $8\times10$ $mm^2$ | 2 |
| | 8 | 开口扳手 | $9\times11$ $mm^2$ | 2 |
| | 9 | 开口扳手 | $14\times17$ $mm^2$ | 2 |
| | 10 | 开口扳手 | $17\times19$ $mm^2$ | 2 |
| | 11 | 开口扳手 | $22\times24$ $mm^2$ | 2 |
| | 12 | 套筒扳手 | $S=9$ mm | 2 |
| | 13 | 套筒扳手 | $S=11$ mm | 2 |
| | 14 | 錾子 | 专用 | 1 |
| | 15 | 铁榔头 | 250 g | 1 |
| | 16 | 橡皮锤 | 300 g | 1 |
| | 17 | 零件盒 | 通用 | 3 |
| | 18 | 废料盒 | 通用 | 1 |
| 设备 | 1 | 扩散器托架 | 专用 | 1 |
| | 2 | 工具车 | 通用 | 1 |
| 设备 | 1 | 签字笔 | 通用 | 1 |
| | 2 | 记号笔 | 通用 | 1 |
| | 3 | 纸胶带 | 通用 | 1 |

| 类别 | 序号 | 名称 | 规格型号 | 数量 |
|---|---|---|---|---|
| 设备 | 4 | 细砂纸 | 180 号 | 1 |
| | 5 | 毛刷 | 通用 | 1 |
| | 6 | 擦布 | 通用 | 1 |
| | 7 | 保险丝 | 通用 | 1 |
| 设备 | 1 | 线手套 | 通用 | 按需 |
| | 2 | 绢布手套 | 通用 | 按需 |
| | 3 | 护目镜 | 通用 | 按需 |

4. 实操工作要求

1）一般要求

（1）检查量具检验合格证、有效期，量具应完好无损。

（2）检查工作场地有无多余物，应干净整洁。

（3）按照工量具清单，检查清点工量具的数量、规格，工量具应完好无损。

（4）准备工作任务单并熟读，明确工作任务，熟悉工作流程和技术标准。

（5）按工作单的操作步骤完成一项签署一项，签名要工整。

（6）填写数据要工整、清晰、准确，不得涂改。

（7）严格按照工作单的操作工序、技术要求、注意事项进行操作。

（8）安全文明操作，不得强拆强装。

5. 加力扩散器分解工序

1）分解前的一般要求

（1）检查加力扩散器安装固定情况。

（2）检查加力扩散器外部零件是否齐全，有无损伤、变形、压坑、缺失。

（3）检查扩散器内外壁和安装边有无损伤、烧蚀。

（4）检查整流支板有无损伤、变形、裂纹、烧蚀。

（5）检查加力输油圈导管和喷嘴有无损伤、变形、缺失。

（6）检查火焰稳定器有无损伤、变形、裂纹、烧蚀。

2）加力扩散器分解

（1）把加力扩散器组件放在工作台上，后安装边向上。

（2）拆除扩散器外罩箍圈螺钉上的保险，松开螺钉并取下。

（3）从扩散段拆下箍圈和外罩。

（4）拆除加力输油半球形衬块的上盖和下盖固定螺栓保险，拧下各个螺栓。

（5）取出半球形衬块。

（6）拆除前加力输油圈（大输油圈）安装座固定卡圈螺钉上的锁片保险，松开固定螺钉，取下卡圈。

（7）拆下前加力输油圈，用堵盖封堵加力输油圈导管进油口和各喷嘴。

（8）拆除火焰稳定器固定螺栓上的锁片保险，松开并取下固定螺栓，拆下火焰稳定器。

（9）拆除后加力输油圈（小输油圈）安装座固定螺栓上的锁片保险，松开固定螺栓并拆下后加力输油圈。用堵塞封堵后导管进油口和各喷嘴。

(10) 拆除上盖固定螺栓的保险，拧下螺栓，连同垫片一起拆下。
(11) 从预燃室接头上拆除混合气进气管外套螺帽上的锁片保险，松开进气管接头螺母，拆下进气管和球形衬块。
(12) 从导电棒和电嘴的中央电极上，去掉螺帽的保险并拧下螺帽，拆下导电片。用手把螺帽拧装回到导电棒和电嘴的中央电极上。
(13) 拆除扩散段内壁固定转接环和预燃室固定螺栓上的锁片保险，拆下各固定螺栓。
(14) 从扩散段拆下转接环和预燃室。
(15) 拆除导电棒安装盘固定螺栓上的锁片保险，拆下固定螺钉，连同球形衬块一起拆下安装盘，拆下导电棒和衬垫。
(16) 拆除整流支板固定螺钉上的锁片保险，松开固定螺钉。拆下整流支板，抽出扩散段内壁。
(17) 从电嘴套上拆除外套螺帽的锁片保险,松开外套固定螺母。从电嘴内套中抽出导电棒（DDG-1)。
(18) 拆除电嘴套固定螺母上的保险丝保险，松开固定螺母，拆下电嘴套。
(19) 从预燃室内松开点火电嘴。

## 6. 加力扩散器零组件故障检测工序

1) 加力扩散器组件故障检测
目视和用放大镜检查。
(1) 检查加力扩散器内外表面有无机械损伤、变形、裂纹故障。
(2) 检查加力扩散器前后安装边有无碰伤、压坑、变形、裂纹。

2) 加力扩散器零组件故障检测
(1) 检查整流支板有无损伤、裂纹、烧蚀。
(2) 检查输油圈（大小圈）有无损伤、裂纹，喷嘴有无积碳、堵塞、缺失。
(3) 检查火焰稳定器有无烧蚀、裂纹、变形。
(4) 检查加力预燃室内外表面有无烧蚀、裂纹、变形。
(5) 检查加力点火电嘴、导电棒有无损伤，电嘴触点有无烧蚀、积碳。
注意：电嘴触点如有轻微的烧蚀和积碳，可用细砂纸打磨修复。
(6) 检查半球形盖、半球和外罩有无损伤、变形。

## 7. 加力扩散器装配工序

1) 装配前的一般要求
(1) 将扩散器壳体 6114826 水平放在装配架 T-181 上。
(2) 检查零组件是否齐全、清洁。
(3) 检查零组件有无损伤、缺失。

2) 加力扩散器装配
(1) 将支座 3514795 和衬垫 3514797 装在内壁的支架上，用锁片 0240010 和螺栓 0920014 固定并锁紧，将球形圈 1914248 装在支座孔内。
(2) 翻转扩散器，使前安装边向下放在装配架上。
(3) 将后燃油总管 6114846 进油管接头穿过点火器 6114828 底盘，用锁片 6114063（老式用 53156K）和螺母将后燃油总管上的衬套固定在点火器上并保险。
(4) 将后燃油总管 6114846（带 2 个点火喷嘴）放在后锥体后安装边上，将支座 0914822 卡在后燃油总管 6114846 上，用锁片 3524507 和螺栓 6120041 固定并保险。
注意：后燃油总管锁紧螺钉应对称、均匀、分次预紧，预紧值不应超过规定力矩值。

(5) 后燃油总管锁紧螺钉打力矩：
规定力矩值：7.87～9.81 N·m
实际值：________N·m
(6) 将稳定器 6114816 装在支座 0914822 上，放上垫块 6114083，用螺栓 6114066、垫片 6114032 和螺母 6114031 将稳定器固定在 0914822 上，用销子 0914073 锁紧。
(7) 翻转扩散器，使后安装边向下放在装配架上。
(8) 将通气管 6114840 进油接头从内椎体窗口穿过支板内腔，并将球面压板 3514449/3514304 套在空气管和后燃油总管进油接头上，将空气管固定在点火器上并保险锁紧。
(9) 将半球形件 0914302/303 放在上下盖板间，用锁片 024-0010 和螺栓 0920014 将上下盖板固定在外壁上并保险。
(10) 空气管 6114840 和后燃油总管 6114846 进油接头的凸出量应不大于 35 mm，进油接头中心线偏移不大于 5 mm。
凸出量实测值：________ mm
中心线偏移：________ mm
空气管后燃油总管整流支板内壁等零件相互间的间隙应不小于 2 mm。
间隙实测值：________ mm
(12) 半球形件与管子的间隙应不大于 0.2 mm，不允许沿半球全深度进入，允许塞尺被咬住（塞尺宽度 3 mm，厚 0.2 mm)。
半球形件与导管间隙实测值：________ mm
(13) 将锁片 0243283 套在电嘴 DZ-2 上，将电嘴固紧在点火器上并用保险丝锁紧。
(14) 将导电棒（DDG-1）从外壁穿过支板内腔和球形件 1914248 孔内。
(15) 将混合气管 6148180 装在点火器上，检查导管接头对外壁的凸出量应不小于 22 mm，拧紧外加螺母并用保险丝锁紧。
凸出量规定值：不小于 22 mm
实测值：________ mm
(16) 将球形垫圈 6314004 套在混合气管 6148180 上，装上球形压板 3514793，并用螺栓 0920014 和锁片 0240010 锁紧。球面压板与外壁的间隙应不大于 0.1 mm（轴向两相邻螺栓间检查)。此时，导电棒不应活动，必要时装上垫片或更换垫片 0914056，合格后将螺栓锁紧。
(17) 检查压板与外壁之间的间隙（用塞尺)。
规定值：不大于 0.1 mm
实测值：______mm
(18) 将球形圈 6114011 装在安装座内，安装前燃油总管 6114845 自由状态下各支管对内椎体前安装边不贴合度不大于 2 mm，必要时以手力校正。
(19) 将圆环 6114058 装在燃油总管 6114845 上，放上卡箍 0914041，用垫片 6124029 和螺栓 6114040 固定。
(20) 检查间隙 $H$ 不小于 0.5 mm，进油管接头对外壁凸出量不小于 20 mm，然后锁紧。
间隙 $H$ 实测值：______mm
外壁凸出量：______mm
燃油总管凸出量实测值：________mm

3) 加力扩散器装配后的质量检查
(1) 检查加力扩散器装配固定情况。
(2) 检查后燃油总管的装配和紧固情况。

| |
|---|
| （3）检查前后输油圈装配固定情况。<br>（4）检查整流支板装配固定情况。<br>（5）检查火焰稳定器装配固定情况。<br>（6）检查加力导电棒有无松动，间隙是否符合技术要求。<br>（7）检查各部位锁片保险的正确性，有无错、漏打。 |
| 8. 实训任务结束 |
| 1）结束后的工作<br>（1）清除导管、机件上的标记。<br>（2）清点工量具。<br>（3）清理、清扫工作现场。<br>（4）检查工作单的签字情况并提交工单。 |
| 9. 考核 |
| 1）实操<br>（1）掌握工具的选用和使用。<br>（2）能按照工作单的操作步骤、技术要求，完成部件和附件的分解、故障检测、装配、测量、调试、签署等工作任务。<br>（3）在实操过程中无错装、漏装、多装。<br>（4）熟知工作单的有关技术规定、工作要求、注意事项，具有发现、分析和解决问题的能力。<br>（5）掌握一般性故障检查、故障描述、故障分析。<br>（6）按基本技能技术要求对部件和附件的紧固件实施保险。<br>（7）完成工作任务后对所做工作进行自检，清洁整理工作现场，检查并清点工量具。 |
| 2）理论<br>（1）简述加力扩散器的功能和燃气通道形式。<br>（2）简述加力扩散器的组成。<br>（3）简述火焰稳定器的结构形式和功能。<br>（4）简述加力预燃室的功能。<br>（5）简述整流支板的功能。<br>（6）简述加力燃油喷嘴设计逆气流 45°喷出的目的。<br>（7）加力扩散器与加力燃烧室主体采用什么连接？<br>（8）可调喷口是扩散型还是收敛型？ |

# 任务 5　燃油泵的分解与装配

## 1. 实训目标

| | |
|---|---|
| 知识目标 | (1) 了解常用工量具的种类、规格、使用方法和使用技巧。<br>(2) 掌握燃油泵和调节器的分解、故障检查、测量、装配的基本技能和理论知识。<br>(3) 掌握燃油泵的装配、故障检查、修理的工作流程和技术要求。<br>(4) 了解柱塞式燃油泵注油工作原理。<br>(5) 了解燃油泵的结构、组成和功能。<br>(6) 了解柱塞式燃油泵燃油脉动、声音异常、供油量下降的主要原因。<br>(7) 了解燃油泵的使用与维护。<br>(8) 了解燃油泵对保障飞行安全的重要意义。 |
| 能力目标 | (1) 能正确使用工量具和专用工装，并掌握使用技巧。<br>(2) 能识读工艺装配图，按照装配关系开展燃油泵的分解、装配工作。<br>(3) 能按技术要求开展燃油泵的故障检查和测量工作。<br>(4) 能对斜盘、分油盘上产生的工作印痕、轻微划伤进行研磨、抛光修理。<br>(5) 有独立分析和解决问题的能力。 |

## 2. 燃油泵的分解与装配

| | | | | | |
|---|---|---|---|---|---|
| 题名 | 燃油泵的分解与装配 | | | | |
| 机型 | | | 机号 | | |
| 工作区域 | | | 版本 | | |
| 编写 | | 审核 | | 批准 | |
| 日期 | | 日期 | | 日期 | |
| 工作台位 | | 工作小组 | | | |
| 开始时间 | | | 结束时间 | | |
| 1. 实训基本要求 | | | | | |
| 1) 技术要求<br>(1) 使用双扳手拆卸和装配机件。<br>(2) 将柱塞的两个端面和圆柱面涂抹少许的滑油，然后装入转子孔内，依次装入其余 6 个柱塞。<br>(3) 检查斜盘与柱塞接触面有无磨损、划伤，转动是否灵活。<br>(4) 检查柱塞头部和圆柱表面有无磨损、划伤、裂纹。<br>(5) 检查柱塞弹簧有无变形、裂纹。 | | | | | |

（6）检查油泵转子传动套齿、转子与分油盘接触的工作面有无磨损、划伤。
（7）检查分油盘工作面有无磨损、划伤、裂纹。
（8）检查铜石墨轴承有无磨损、划痕。

2）技术图样

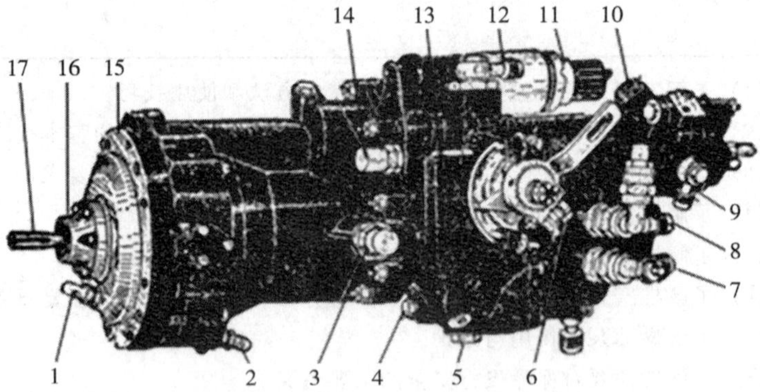


1-最小斜盘角度限动钉；2-最大斜盘角度限动钉；3-通离心活门的导管接头；4-限流器；5-等差活门；6-慢车转速调整；7-主油路接头；8-副油路接头；9-液压延迟器电门漏油接头；10-液压延迟器电门的导线插座；11-供油量急降活门；12-通放油活门导管接头；13-高压油滤；14-自始转速调整螺钉；15-壳体盖；16-挡油装置；17-油泵传动轴

图1　主燃油泵结构示意图

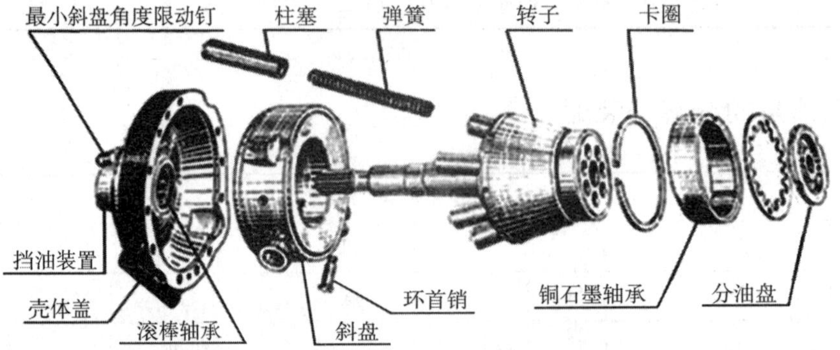


图2　燃油泵分解图（供油部分）

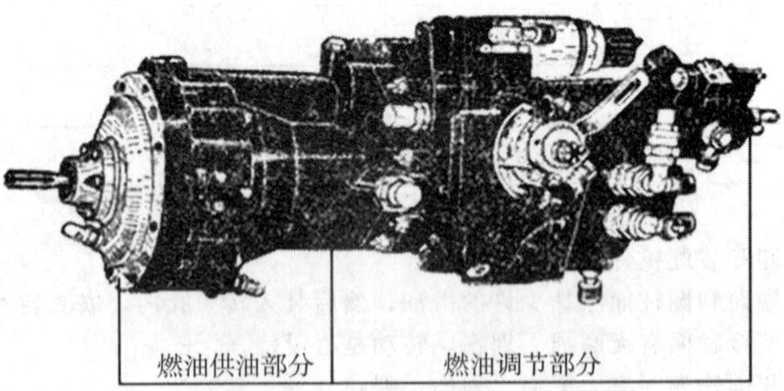


图3　柱塞泵示意图

| 2. 工量具、设备、耗材、防护用品 | | | | |
|---|---|---|---|---|
| 类别 | 序号 | 名称 | 规格型号 | 数量 |
| 工量具 | 1 | 游标卡尺 | 0.02 mm | 1 |
| | 2 | 扭力扳手 | 5～25 N·m | 1 |
| | 3 | 塞尺 | 0～2 mm | 1 |
| | 4 | 斜盘固定销拔具 | 自制 | 1 |
| | 5 | 放大镜 | 5～10 倍 | 1 |
| | 6 | 斜口钳 | 150 mm | 2 |
| | 7 | 尖嘴钳 | 150 mm | 2 |
| | 8 | 锁片钳 | 专用 | 1 |
| | 9 | 开口扳手 | 9×11 $mm^2$ | 2 |
| | 10 | 开口扳手 | 8×10 $mm^2$ | 2 |
| | 11 | 开口扳手 | 14×17 $mm^2$ | 2 |
| | 12 | 套筒扳手 | $S$=7 mm | 2 |
| | 13 | 套筒扳手 | $S$=9 mm | 2 |
| | 14 | 套筒扳手 | $S$=11 mm | 1 |
| | 15 | 錾子 | 专用 | 1 |
| | 16 | 铁榔头 | 250 g | 1 |
| | 17 | 解刀 | 200 mm | 1 |
| | 18 | 零件盒 | 通用 | 3 |
| | 19 | 废料盒 | 通用 | 1 |
| 设备 | 1 | 工作台 | 通用 | 1 |
| | 2 | 工具车 | 通用 | 1 |
| 设备 | 1 | 签字笔 | 通用 | 1 |
| | 2 | 记号笔 | 通用 | 1 |
| | 3 | 纸胶带 | 通用 | 1 |
| | 4 | 细砂纸 | 360 号 | 1 |
| | 5 | 毛刷 | 通用 | 1 |
| | 6 | 擦布 | 通用 | 1 |
| | 7 | 碳氢清洗液 | 通用 | 按需 |
| 设备 | 1 | 线手套 | 通用 | 按需 |
| | 2 | 护目镜 | 通用 | 按需 |

**3. 实操工作要求**

1）一般要求
（1）检查量具检验合格证、有效期，量具应完好无损。
（2）查工作场地有无多余物，应干净整洁。
（3）按照工量具清单，检查清点工量具的数量、规格，工量具应完好无损。
（4）准备工作任务单并熟读，明确工作任务，熟悉工作流程和技术标准。
（5）按工作单的操作步骤完成一项签署一项，签名要工整。
（6）填写数据要工整、清晰、准确，不得涂改。
（7）严格按照工作单的操作工序、技术要求、注意事项进行操作。
（8）安全文明操作，不得强拆强装。

**4. 燃油泵分解工序**

1）分解前的一般要求
（1）检查燃油泵外观是否清洁，传动轴有无损伤、变形、磨损、掉块。
（2）检查燃油泵调整元件有无损伤，保险铅封是否完整、正确。
（3）检查最小和最大斜盘角度调整螺钉有无损伤、变形。
（4）检查燃油泵有无缺件。

2）燃油泵分解
（1）将燃油泵平放到工作台上。
（2）拆除挡油装置锁紧螺钉上的锁片保险，拧下螺钉，取下挡油装置。
（3）拆除油泵壳体盖和主体螺栓的锁片保险，拧下螺栓。
（4）拆除斜盘固定销盖上的保险，松开螺母并取下固定销盖。
（5）拆除斜盘与随动活塞杆连接耳环销上的保险，取出耳环销。
（6）在斜盘两侧固定销上装上专用工装拔具，取出左右两侧固定销。
注意：严禁用非专用工具撬出固定销。
（7）取出斜盘、油泵转子。
注意：取出斜盘时用手挡住柱塞，防止柱塞受柱塞弹簧力的作用弹出落地，从而导致柱塞损伤。
（8）从油泵转子上取下柱塞、弹簧和弹簧座，分别包装存放。
（9）用专用橡胶保护盖封堵油泵转子进油和注油端面。
（10）取出卡圈、铜石墨轴承、分油盘。
注意：铜石墨轴承、分油盘用石蜡纸分别包装。

**5. 燃油泵组件故障检测工序**

1）故障检测前的一般要求
（1）用干净碳氢洗涤液清洗零组件表面油迹、脏物。
注意：清洗后需将洗涤液烘干。
（2）检查零组件要轻拿轻放，防止碰撞损伤。
（3）分油盘、柱塞、轴承、油泵转子要分别单独存放，严禁和其他零件混放。

2）燃油泵组件故障检测
(1) 目视检查油泵内外表面有无损伤、划伤。
(2) 检查斜盘与柱塞接触面有无磨损、划伤，转动是否灵活。
(3) 检查柱塞头部和圆柱表面有无磨损、划伤、裂纹。
(4) 检查柱塞弹簧有无变形、裂纹。
(5) 检查油泵转子传动套齿、转子与分油盘接触的工作面有无磨损、划伤。
(6) 检查分油盘工作面有无磨损、划伤、裂纹。
(7) 检查铜石墨轴承有无磨损、划痕。

6. 燃油泵组件装配工序

1）装配前的一般要求
(1) 检查燃油泵内外表面清洁情况，内、外部有无损伤。
(2) 检查燃油泵零组件清洁情况，有无损伤、划伤。
(3) 检查分油盘表面有无划痕、损伤。
(4) 检查柱塞圆柱面有无划伤、划痕。

2）燃油泵组件装配
(1) 将弹簧座、弹簧装入转子柱塞孔内。
(2) 将柱塞的两个端面和圆柱面涂抹少许的滑油，然后装入转子孔内，依次装入其余 6 个柱塞。
注意：将装入后的柱塞用手按压几次，检查柱塞的灵活性。
(3) 将柱塞转子小心放入燃油泵的壳体内。
(4) 将斜盘装在燃油泵的壳体内，连接斜盘与随动活塞连接处的耳环销并进行保险。
注意：安装耳环销时严禁敲击。
(5) 安装斜盘与燃油泵壳体的固定销。
注意：必须使斜盘和壳体的安装孔同心后才能安装固定销。严禁使用敲击的方式安装固定销。
(6) 装上固定销的盖板，安装紧固螺母并预紧，预紧值不允许超过规定力矩值。
(7) 固定销的盖板螺母打力矩：
规定力矩：6.87～8.83 N·m
实际值：________N·m
(8) 力矩合格后对螺母进行保险。
(9) 将油泵转子盖组合件装在油泵壳体上，按规定标号对称地装上两个紧固螺栓和两个松动螺栓。
注意：在装转子盖前需检查斜盘轴承与壳体端面的配合间隙是否正常。

3）燃油泵装配后的质量检查
(1) 检查燃油泵外观有无损伤。
(2) 检查燃油泵结合面装配的紧固情况。
(3) 检查燃油泵传动轴有无损伤、变形。
(4) 检查燃油泵固定销盖保险的正确性、完好性。
(5) 检查燃油泵上各调整螺钉保险有无错打、漏打，调整螺钉有无损伤、变形。

| 7. 实训任务结束 |
| --- |
| 1）结束后的工作<br>（1）清除导管、机件上的标记。<br>（2）清点工量具。<br>（3）清理、清扫工作现场。<br>（4）检查工作单签字情况并提交工单。 |
| 8. 考核 |
| 1）实操<br>（1）掌握工具的选用和使用。<br>（2）严格按照工作单的操作步骤、技术要求，完成部件和附件的分解、故障检测、装配、测量、签署等工作任务。<br>（3）熟知工作单的有关技术规定、工作要求、注意事项，具有发现、分析和解决问题的能力。<br>（4）掌握一般性故障检查、故障描述、故障分析。<br>（5）按基本技能技术要求对紧固件实施相应的保险。<br>（6）完成工作任务后对所做工作进行自检，清洁整理工作现场，检查并清点工量具。 |
| 2）理论<br>（1）简述主燃料系统的组成。<br>（2）简述主柱塞泵的功能。<br>（3）简述柱塞泵的组成。<br>（4）简述柱塞泵的供油量与转速、斜盘角度的关系。<br>（5）简述影响供油量的主要原因。<br>（6）安装后的燃油泵为什么要进行系统放气？ |

# 参考文献

[1] 陈光，洪杰，马艳红. 航空燃气涡轮发动机结构 [M]. 北京：北京航空航天大学出版社，2010.

[2] 林基恕. 航空燃气涡轮发动机机械系统设计 [M]. 北京：航空工业出版社，2005.

[3] 赵廷渝. 航空燃气涡轮动力装置 [M]. 成都：西南交通大学出版社，2004.

[4] 许春生. 燃气涡轮发动机 [M]. 北京：兵器工业出版社，2007.

[6] 刘明. 航空燃气涡轮发动机原理与构造 [M]. 北京：国防工业出版社，2008.

[7] 白冰如，石日昕. 航空发动机原理与构造 [M]. 西安：西北工业大学出版社，2005.